폴 크루그먼과 이 책에 대한 세계 언론의 서평

『불황의 경제학』은 독서의 가치가 충분한 책이다. 누구나 쉽게 이해할 수 있는 스타일로 쓰여진 이 책을 통해 독자들은 지난 20여 년 간 전 세계에서 일어났던 금융과 경제 붕괴의 비극을 온전히 이해할 수 있다. 『불황의 경제학』은 생각을 불러일으키는 책이다. 설령 폴 크루그먼의 견해에 동의하지 않는다고 해도 반드시 읽어야만 한다. **로이터**

경제학자이자 칼럼니스트인 폴 크루그먼은 경제학의 신이다. 최소한 일부 민주당원과 정치 그룹들에게는 그러하다. 그 이유를 그리 두껍지 않은 이 책 『불황의 경제학』을 통해 잘 알 수 있다. 크루그먼의 솜씨는 대단하다. 복잡한 경제적 문제들의 숲과 나무를 함께 보고, 이를 알기 쉽게 해설한다. 어이없을 만큼 간단하게 설명해주기 때문에 독자들은 종종 다음과 같은 의문을 스스로에게 던진다. 왜 나는 이런 생각을 진작 못했던 거지? **보스턴글로브**

『불황의 경제학』은 빛나는 책이다. … 폴 크루그먼은 탄탄한 경제적 바탕에서도 경기후퇴가 올 수 있다는 놀라운 말을 한다. … 무엇이 우리를 구원할 것인가? 크루그먼은 건전한 선에서 낙관적이다. 지금까지 경제학의 핵심 명제는 공짜점심은 없다는 것이었다. 하지만 크루그먼은 공짜점심은 있다고 말한다. 이것을 어떻게 가져오는지만 알면 된다는 것이다. **가디언**

백악관의 오바마는 폴 크루그먼의 심기를 필요 이상으로 건드리지 않으려고 주의하고 있다. … 크루그먼은 30세 이전에 미국 최고의 경제학자 중 한 명이 된 인물이다. 그는 29살의 나이에 레이건 행정부의 경제자문위원으로 들어갔다. … 크루그먼은 특히 일반인들의 경제적 불평등 문제에 많은 열정을 쏟고 있다.

뉴스위크

폴 크루그먼이 다시 돌아왔다. 노벨경제학상으로 무장하고, 『불황의 경제학』이라는 책을 갖고, 경제위기의 시대에 맞춰 돌아온 것이다. 일본의 잃어버린 10년과 1990년대 후반 동아시아의 위기에 이은 현재의 범세계적 위기에 대해 그가 던지는 강력한 화두는 '불황의 경제학'이다.

LA타임스

폴 크루그먼은 케인스처럼 열심히 고민하고 갤브레이스처럼 유려하게 글을 쓴다.

인디펜던트

폴 크루그먼은 아마도 우리 세대 최고의 외환 전문가일 것이다. 그는 1990년대 후반에 아시아에서 발생했던 금융 위기가 이번 사태의 리허설이었다고 말한다.

워싱턴포스트

불황의 경제학

불황의 경제학

지은이 폴 크루그먼
옮긴이 안진환
펴낸이 안희곤
펴낸곳 세종서적(주)

기획편집 류영훈 · 장웅진 · 박주희 · 이승희
디자인 박정민 · 박은진
마케팅 김하수 · 송진근 · 강희성 · 이화숙
경영지원 이정태 · 유지연

출판등록 1992년 3월 4일 제4-172호
주소 우편번호 100-012 서울시 중구 충무로 2가 61-4
전화 영업 (02)778-4179, 편집 (02)775-7011
팩스 (02)319-9014
e-mail sejongbooks@sejongbooks.co.kr

초판 1쇄 발행 2009년 5월 19일

ISBN 978-89-8407-303-6 03320

■ 잘못 만들어진 책은 바꾸어 드립니다.
■ 값은 뒤표지에 있습니다.

폴 크루그먼 PAUL KRUGMAN

불황의 경제학

THE RETURN OF DEPRESSION ECONOMICS AND THE CRISIS OF 2008

폴 크루그먼 지음 | 안진환 옮김

세종서적

차 례

들어가는 말

대부분의 경제학자들은 1930년대 미국 대공황이 피할 수도 있었던 불필요한 비극이라고 생각한다. 만약 당시 미국 대통령이었던 허버트 후버가 경기침체라는 현실 앞에서 균형예산에 집착하지만 않았더라면, 만약 연방준비제도이사회(연준, FRB)가 미국 국내 경제를 희생해가면서까지 금본위제를 고수하지만 않았더라면, 또 만약 정부가 파산 위험에 빠진 은행들에게 신속히 자금을 지원했더라면, 그렇게 해서 1930년에서 1931년에 걸쳐 진행된 금융공황을 진정시켰더라면, 앞서 1929년에 발생했던 주식시장 붕괴는 흔해빠진 일시적 침체만을 야기했을 터이고, 곧 잊혔을 거라는 이야기다.

경제학자와 정책입안자들은 여기서 교훈을 얻었다. "근로자를 정리하고, 주식을 정리하고, 농부들을 정리하고, 부동산을 정리하고… 경제

시스템에서 썩은 부분은 모두 도려내라"던 앤드루 맬런(Andrew Mellon, 1921~1932년 세 명의 대통령 아래에서 재무장관을 지냄-옮긴이)의 충고를 그대로 흉내 내는 재무장관은 더 이상 나오지 않았다. 대공황과 같은 사태는 결코 다시 발생할 수 없는 일이었다.

과연 그럴까? 1990년대 후반에, 세계 총생산의 약 4분의 1을 책임지며, 약 7억 명의 인구가 살고 있는 일단의 아시아 경제국들에서 대공황과 기분 나쁠 정도로 흡사한 경제위기가 발생했다. 대공황 때와 마찬가지로 위기는 마른하늘에 날벼락처럼 찾아왔다. 침체가 동력을 모으고 있는 와중에도 전문가라는 사람들 대부분은 호황이 계속될 것으로 내다봤다. 그리고 1930년대에도 그랬듯이 전통적인 대처 방안들은 효과가 없거나 때로는 역효과를 낸다는 사실이 드러났다. 대공황에 관해 알고 있는 사람이라면 현대 세계에서 이와 같은 일이 다시 발생할 수 있다는 가능성에 등골이 서늘했을 것이다.

나는 실로 등골의 오싹함을 느꼈다. 10년 전에 나왔던 이 책의 초판은 그래서 1990년대 아시아의 경제위기를 분석하기 위해 썼던 것이다. 당시 몇몇 전문가들은 이 위기를 아시아에 국한된 현상으로 보았다. 하지만 나는 이것이 우리 모두의 마음을 편치 않게 만드는 불길한 징조로, 불황경제학의 문제가 현대 세계에서 결코 사라지지 않았음을 보여주는 경고로 판단했다. 슬프게도 나의 우려는 기우가 아니었음이 드러났다. 이 책의 개정판을 준비하는 지금, 미국을 비롯한 세계의 많은 국가들이, 아니 세계 대부분의 국가들이 금융위기 및 경제위기에 직면해 사투를 벌이고 있다. 작금의 상황은 불행히도 1990년대에 아시아가 겪었던 것보다 훨씬 더 대공황과 흡사한 모양새를 띠고 있다.

우리는 사실 아시아가 10년 전에 겪었던 종류의 경제 문제나 현재 우리 모두가 겪고 있는 종류의 경제 문제에 대한 예방법을 안다고 믿었다. 모든 게 열악했던 과거에는 안정된 정부의 뒷받침을 받는 대규모 선진 경제라고 해도 – 예컨대 1920년대 영국 경제처럼 – 장기간의 스태그네이션(경기침체)과 디플레이션(물가하락)에 속수무책으로 당할 수도 있었다. 그러나 케인스John Maynard Keynes와 프리드먼Milton Friedman의 시대를 거치며 우리는 이런 일을 미연에 방지하는 법을 충분히 배웠다고 생각했다.(케인스는 경기 순환과 고용안정을 위해 국가의 적극적 개입을 주장한 반면, 보이지 않는 손의 힘을 믿었던 프리드먼은 정부의 지나친 개입에 반대했다 – 옮긴이) 예전에는 상대적으로 규모가 작은 경제라도 – 예컨대 1931년의 오스트리아처럼 – 금융위기의 물살에 휩쓸려 자국 경제를 통제하지 못하는 상황이 발생할 수 있었다. 그러나 IMF(국제통화기금)는 물론이고 머리 좋은 은행가와 관료들이 포진한 현대에는 금융위기의 기미만 보여도 잽싸게 구제 프로그램을 편성해 위기의 확산을 막을 것으로 기대됐었다. 예전에는 한 국가의 은행 체계가 붕괴되는 모습을 정부 당국자들이 무기력하게 지켜볼 수밖에 없는 경우도 있었다. 1930~31년의 미국 정부도 그랬다. 하지만 현대에는 예금보험제도라는 것이 있고, 또 위기에 처한 기관에 긴급 자금을 지원하는 연방준비제도이사회가 있기에 그런 광경을 목도하지 않아도 된다고 여겨졌었다. 물론 지각이 있는 사람이라면 경제 불안의 시대가 완전히 사라졌다고 믿을 수는 없었다. 하지만 미래에 어떤 문제가 닥치더라도 지나간 1920년대와 1930년대를 닮지는 않을 것이라는 확신만큼은 굳건했다.

이러한 신념이 옳지 않다는 사실을 우리는 10년 전에 깨우쳤어야만 했다. 일본은 1990년대 대부분을 케인스 시대에 겪었던 것과 유사한 경제적 덫에 걸려 허덕였다. 일본보다 규모가 작은 아시아의 몇몇 경제국들은 말 그대로 하룻밤 만에 호황에서 재난으로 치달았다. 그들의 몰락 이야기는 마치 1930년대 금융사를 다시 읽는 듯한 느낌을 주었다.

당시 나는 이런 식으로 생각했다. 현대 의학에 의해 박멸된 줄 알았던 치명적인 병원균이 기존의 모든 항생제에 내성을 지닌 형태로 재출현한 것과 같다고 말이다. 그래서 이 책의 초판 서문에 이렇게 적었다. "지금까지는 제한된 수의 사람만이 이 새로운 불치병의 희생자가 되었다. 만약 운이 좋아 병에 걸리지 않았다면 이제라도 새로운 치료법과 예방법을 찾아내야 한다. 어떤 대가를 치르더라도 다음번 희생자가 되지 않기 위한 대책을 세워야만 한다. 그러지 않는다면 정말 어리석은 일일 것이다."

결과적으로 우리는 어리석었다. 전염병이 이제 전 세계를 덮치고 있다.

이번 개정판의 상당 부분은 1990년대 아시아의 금융위기에 할애될 것이다. 이것이 현재 진행 중인 글로벌 금융위기의 리허설이었던 것으로 드러나고 있기 때문이다. 물론 상당한 분량의 새로운 자료도 추가했다. 어째서 지금의 미국이 10년 전의 일본과 비슷해 보이며, 어째서 현재의 아이슬란드가 그때의 태국과 비슷한지도 설명하고 있다. 또 1990년대에 이미 위기를 겪었던 나라들이 어쩌다가 다시 한번 끔찍한 나락의 가장자리에 서게 됐는지도 분석하고 있다.

이 책에 관하여

이 책은 근본적으로 분석에 초점을 맞춰 논지를 펼치고 있다. 무슨 일이 일어났는지를 살피기보다는 그 일이 왜 일어났는지를 따지는 데 주안점을 둔다는 뜻이다. 지금 우리가 알아야 할 핵심은 △어떻게 이런 재앙이 일어날 수 있었는가 △어떻게 해야 피해를 입은 나라들이 회복할 수 있는가, 그리고 나아가 △이런 일이 다시는 일어나지 않도록 하기 위해 어떻게 예방할 것인가이다. 이 책의 궁극적인 목적은 경영대학원에서 말하듯 '사례 이론'(케이스 이론)을 개발하는 것, 다시 말해 이 문제에 관해 어떻게 생각해야 하는지를 밝혀내는 것이다.

하지만 나는 이 책을 무미건조한 경제학 전문서로 만들고 싶지는 않았다. 그래서 딱딱한 방정식이나 어려운 도표, 알쏭달쏭한 전문용어 등은 가급적 피했다. 나 역시 명망 높은 경제학자로서 아무나 읽지 못하는 어려운 글을 쓸 수 있는 능력은 충분하다. 또한 (나 자신의 것을 포함해서) 그 읽기 어려운 글들이 이 책의 이론적 바탕이 되어준 것도 사실이다. 그러나 지금 세상이 필요로 하는 것은 충분한 정보에 입각한 행동이다. 이런 종류의 행동이 일어나도록 유도하려면 경제학 박사 학위를 가진 사람들뿐만 아니라 일반인들도 쉽게 접근할 수 있는 방식으로 다양한 아이디어들이 개진되어야 한다. 경제학에서 쓰는 방정식이나 도표들은 지적 체계를 구축하기 위한 발판에 불과한 경우가 많다. 이미 일정 수준까지 지적 체계가 구축된 상황이라면 발판은 치워버리고 쉬운 말로 설명할 수 있는 법이다.

아울러 이 책의 궁극적인 목표가 분석이기는 하지만 내용상으로는 현상을 설명한 부분도 많다는 점을 밝히고 싶다. 부분적인 이유는, 사태가 진행된 과정은 종종 어떤 케이스 이론이 올바른지를 판단하는 데 중요한 단서가 되기 때문이다. (예를 들어, 경제위기에 대한 근본주의적 견해, 다시 말해 우리가 지금 받아 마땅한 징벌을 받고 있다는 종류의 견해로는 외견상 공통점이 전혀 없는 여러 국가들의 경제가 몇 달 간격으로 연이어 난관에 봉착하게 된 우연의 일치를 설명할 수 없다.) 경제위기가 진행된 과정을 더듬는 것은 곧 경제위기의 맥락을 읽는다는 뜻도 될 수 있다. 또한 대부분의 사람들은 경제 붕괴의 드라마가 펼쳐지는 전 과정을 신경 써서 주목하고 있지도 않았다. 1997년 8월에 마하티르 모하마드 전 말레이시아 총리가 콸라룸푸르에서 무슨 말을 했는지 기억하고 있는 사람은 많지 않다. 이 말을 1년 뒤에 홍콩의 재무장관이었던 도널드 창Donald Tsang이 결국 해버린 일과 연결시키는 사람은 더욱 적다. 그런 뜻에서 독자 여러분의 기억을 되살려준다는 의미도 있다.

마지막으로 이 책의 스타일에 대해 언급하고 싶다. 경제에 관한 글을 쓰는 사람들을 종종 괴롭히는 유혹 가운데 하나가 바로 지나치게 위엄을 부리고자 하는 경향이다. 특히 중요한 주제일수록 그렇다. 지금 우리의 주제가 중요하지 않다는 뜻이 아니다. 어떤 경우에는 삶과 죽음의 문제일 정도로 중대하다. 그럼에도 너무 많은 소위 전문가들이 심각한 주제는 반드시 심각하게 접근해야만 한다고 믿고 있다. 어려운 이야기일수록 이에 걸맞은 어려운 언어로 표현해야 하며, 가벼운 말이나 쉬운 설명은 적절치 않다고 생각한다. 그러나 새롭고 생소한 현상을 파악하기 위해서는 아이디어들을 '갖고 놀'(play) 준비가 돼있어야 한다. 내가 '갖고 논다'는 표현을 쓴 것에는 나름대로 이유가 있다. 경제학이든 다른 분야에서든 별난 기질이 없는 엄숙한 사람이 신선한 통찰력을 발휘하는 경우는 드물기 때문이다. 예를 들어 내가 "일본은 지금 근본적인 조정 불량으로 고통 받고 있는데, 국가 중재형 성장 모델이 구조적 경직성으로 이어졌기 때문이다"라고 말했다고 치자. 이것은 아무 말도 안 한 거나 마찬가지다. 기껏해야 문제가 매우 어렵다는, 쉬운 해결책이란 아예 없다는 느낌을 전달한 것일 뿐이다. 완전히 잘못된 느낌일수도 있다. 반면에 내가 어떤 베이비시팅 협동조합과 관련한 흥미로운 이야기로 일본의 문제를 풀어서 설명한다고 해보자.(이 이야기는 앞으로 여러 차례 나올 것이다) 어쩌면 유치하게 들릴 수도 있다. 민감한 독자들은 심지어 화를 낼지도 모른다. 그러나 이 별스런 접근방법에는 나름의 목적이 있다. 독자들의 마인드를 다른 채널로 돌리기 위함이다. 생각과는 달리 실로 놀랄 만큼 손쉬운 해결 방법이 있을 수도 있다는, 일본의 경우 최소한 일부 문제나마 손쉽게 해결할 수 있음을 보여주고자 하는 것이다. 그러니 어렵고 심각한 글을 기대하지는 않았으면 한다. 물론 이 책은 진지한 책이다. 그러나 글을 전개하는 데 있어서는 어느 정도의 재미와 유치함이 필요할 수도 있다.

이런 점을 염두에 두고 우리의 여정을 시작해보자. 처음 시작은 불과 몇 년 전의 이야기다.

Chapter 01

핵심 문제는 해결되었습니다!

2003년 전미경제인협회 연례총회의 회장 연설은 시카고대학교의 경제학 교수이자 1995년 노벨 경제학상 수상자인 로버트 루커스Robert Lucas가 맡았다. 그는 거시경제학이 대공황에 대한 대응책으로 시작되었음을 설명한 후, 이제 경제학 분야가 계속 전진해야 할 때라고 선언했다. "경제 공황을 예방하기 위한 핵심 문제는 해결되었습니다. 사실상 모든 현실적 측면에서 그렇습니다."

물론 루커스의 주장은 지난 150여 년 동안 우리와 함께 해온 불황과 호황의 불규칙한 비즈니스 사이클이 끝났다는 얘기는 아니었다. 그러나 그 사이클이 길들여졌다고, 이제 추가적인 길들이기로 인해 얻을 수 있는 혜택은 사소한 수준에 머물 정도라고 주장했다. 경제 성장 과정에서 발생하는 소폭의 흔들림을 매끄럽게 손보는 일은 이제 공공복지 측면에서 하찮은 이득만을 안겨줄 뿐이니, 이제 초점을 바꿔 장기적 경제

성장 같은 사안에 집중할 때가 되었다는 말이었다.

공황 예방 문제가 해결되었다는 주장이 루커스에게서만 나온 것은 아니었다. 그로부터 1년 후, 프린스턴대학교 교수 출신으로 연방준비제도이사회에 들어가 있던 벤 버냉키Ben Bernanke는 '경제안정기'(The Great Moderation, '대공황'의 상대어로 쓰이기도 하는 표현으로 거시적 변수들의 변화가 매우 완화된 기간을 가리킨다-옮긴이)라는 제목으로 놀랄 만큼 낙관적인 연설을 했다.(버냉키는 다시 1년 후인 2005년에 연준 의장에 임명된다) 연설에서 그는 루커스와 마찬가지로 현대 거시경제 정책이 비즈니스 사이클 문제를 해결했다고, 좀 더 정확히 표현하자면 주요 문제가 아닌 귀찮은 문제에 가까울 정도로 해당 사안을 경감시켰다고 주장했다.

대부분의 국가들이 1930년대를 연상하게 하는 금융 및 경제 위기의 나락에서 허덕이고 있는 현 시점에서 되돌아볼 때, 불과 몇 년 전의 이러한 낙관적 선언은 믿을 수 없을 만큼 독선적으로 들린다. 특히 이상한 점은 1990년대 내내 대공황을 기억나게 하는 경제 문제가 세계 제2위의 경제 대국인 일본을 포함한 다수의 나라에서 불쑥불쑥 대두되었다는 사실을 배제해버렸다는 것이다.

그러나 2000년대 초반만 해도 공황 유형의 문제들은 아직 미국을 강타하지 않고 있었다. 1970년대의 재앙이라 할 수 있는 인플레이션도 적절히 통제되고 있는 듯 보였다. 이뿐만이 아니라 투자자들을 안심시키는 경제 뉴스들이 정치적 맥락에서 전파를 타기 일쑤였고, 이런 것들이 낙관주의를 고취시켰다. 세상은 지난 90년에 가까운 세월 그 어느 때보다도 시장경제에 우호적으로 보였다.

자본주의의 승리

이 책은 경제학 서적이다. 그러나 경제는 정치적 배경을 벗어날 수 없다. 특히 몇 년 전에 겉으로 보이던 세상은 1990년대에 벌어졌던 주요한 정치적 사건들을 감안하지 않고서는 제대로 이해할 수 없다. 대표적 사건이 사회주의의 붕괴다. 단순한 지배 이데올로기로서의 사회주의가 아니라 인간의 마음을 움직이는 힘을 지닌 사상으로서의 사회주의가 붕괴된 것이다.

사회주의의 붕괴는 묘하게도 중국에서 시작되었다. 1978년에 덩샤오핑이 중국을 훗날 자본주의로 향하게 만든 길 위에 올려놓았다는 사실이 지금도 잘 믿기지 않는다. 베트남에서 공산당이 승리를 거둔 게 불과 3년 앞선 일이었다. 문화혁명을 다시 시작하려던 급진적 마오쩌둥주의자들이 당내에서 패배한 것은 불과 2년 전이었다. 어쩌면 덩샤오핑 자신도 그 길이 어디로 이어질지 확실하게 깨닫고 있었던 것은 아니었는지 모른다. 확실한 것은 10억의 인구가 조용히 마르크스주의를 버렸다는 사실을 다른 세계가 알아차리기까지 오랜 시간이 걸렸다는 점이다.

사실 1990년대 초까지만 해도 중국의 변화는 중상류 지식층의 화젯거리가 되지 못했다. 그 무렵의 베스트셀러 목록을 살펴보면 알 수 있듯이 당시의 세계 경제는 유럽과 미국, 일본이 육박전을 벌이던 투기장이었다. 중국은 고려 대상이 된다고 해도 부수적인 존재였고, 그것도 한창 떠오르던 엔 블록의 일부분이 될 가능성이 높다고 점쳐질 뿐이었다.

그럼에도 어느 날 무언가가 변했다는 사실을 모두가 깨달았다. 그것은 바로 소련의 붕괴였다.

당시의 소련 체제에 무슨 일이 벌어졌던 것인지 제대로 이해하는 사람은 거의 없다. 결과론적인 해석으로, 소련의 전체 구조가 일종의 날림 건축물이어서 결국은 실패로 끝날 운명이었다고 생각할 따름이다. 하지만 소련은 내전과 기근을 겪고도 살아남은 체제였다. 또 상당히 불리한 입장이었음에도 불구하고 독일의 나치 정권을 물리쳤으며, 과학 및 산업 자원을 동원하여 미국의 핵 우위에 맞섰던 체제였다. 이런 체제가 어떻게 이토록 황망하게 갑자기 끝날 수 있었던 것일까? 총소리 한 방 없이 신음 소리만 내다가 말이다.

구소련의 붕괴는 정치경제학의 크나큰 수수께끼 가운데 하나임이 틀림없다. 어쩌면 단순히 시간의 문제였는지도 모른다. 즉 대의를 표방하며 반대파를 숙청하는 혁명의 열정은 두 세대 이상 지속될 수 없다는 이유였을 수도 있다. 아니면 쇠락의 기미를 전혀 보이지 않고 버티는 자본주의에 서서히 잠식당한 건지도 모른다. 확실한 증거가 있는 것은 아니지만 내 나름의 이론은 다음과 같다. 아시아의 자본주의 경제가 성장하자 역사가 자기들 편이라는 소련의 주장은 갈수록 설득력을 잃게 되었고, 결국 이것이 미묘하지만 깊숙하게 소련 체제를 뒤흔들었다는 생각이다. 승리는 거두지 못하고 기력만 소진했던 아프가니스탄 전쟁이 분명 이 과정을 촉진시켰다. 소련의 산업이 로널드 레이건의 군비증강에 맞서기에는 역부족이었다는 사정도 한몫했다. 이유야 어쨌든 1989년 동유럽의 소비에트 제국은 갑자기 해체되었고, 1991년에는 소련 자체가 붕괴되었다.

해체의 영향을(확실하게든 미묘하게든) 전 세계가 느낄 수 있었다. 어떠한 영향이 되었든 자본주의의 정치적, 이데올로기적 우월성을 증명하는데 도움이 됐다.

무엇보다도 중요한 점은 마르크스주의 체제 아래에 살던 수억 명의 사람들이 한순간에 시장에 기회를 주는 국가의 시민이 되었다는 사실이다. 반대로 놀라운 점은(어떤 면에서는) 이 변화가 구소련의 붕괴로 인해 발생한 중요한 결과가 결코 아닌 것으로 드러났다는 점이다. 사람들의 기대와는 달리 동유럽의 이행경제체제(transition economy)들은 신속히 세계시장의 주요 동력으로 거듭나지 못했을 뿐더러, 매력 넘치는 해외투자의 대상도 되지 못했다. 오히려 대부분의 국가들이 변화에 힘겨운 나날만을 보냈다. 동독의 경우가 대표적이다. 독일 통일 후에 동독은 마치 이탈리아의 메초조르노와 같은 처지가 되고 말았는데, 메초조르노란 이탈리아 남부를 일컫는 말로 사회적 관심과 재정적 투자가 이어져도 여전히 경제적 침체에 허덕이는 지역이다.

공산주의가 몰락하고 거의 20년이 흐른 지금에 와서야 소수의 국가들만이 −예를 들어 폴란드, 에스토니아, 체코 등− 성공의 기미를 보이기 시작했다. 러시아는 세계 여타 국가들에 금융 및 정치적 불안을 야기하는 놀랄 만큼 강력한 원천이 되고 말았다. 여기에 관한 자세한 이야기는 제6장에서 하기로 하자.

소비에트 체제 붕괴가 야기한 또 다른 직접적인 영향은 구소련의 원조에 의존하던 국가들이 이제는 각자의 힘으로 살아가야 한다는 것이었다. 이들 가운데 일부는 자본주의 반대파들이 이상화하고 우상시했던 나라들이었다. 갑작스럽게 드러난 그들의 빈곤상과 과거의 의존성은 모든 반자본주의 운동의 정당성을 훼손하는 데 일조했다. 쿠바는 두 주먹을 불끈 쥐고 홀로 당당히 미국과 맞서는 영웅적인 국가로 보였을 때는 라틴아메리카 혁명파들에게 동경의 대상이었다. 모스크바의 우중충한 관료들과는 비교도 되지 않았다. 그러나 구소련 붕괴 이후에 드러난 쿠바의 초라함은 그 자체로 환상을 깨뜨렸을 뿐만 아니라, 과거의 영웅적인 모습이 바로 우중충한 관료들이 보내준 엄청난 액수의 보조금 덕분에 가능한 것이었음을 고통스레 확인시켜주었다.

북한의 경우도 비슷하다. 1990년대까지 북한 정부는 온갖 소름끼치는 모습에도 불구하고 급진파들, 특히 한국의 대학생들에게 일종의 신비감을 자아내고 있었다. 그러나 구소련의 원조가 끊긴 후로 주민들이 말 그대로 굶어죽고 있다는 사실 앞에서 그 흥분은 사라졌다.

소비에트 붕괴로 인한 또 다른 영향은 많은 급진적 운동의 소멸이었다. 이것 역시도 어느 정도 직접적인 영향으로 볼 수 있다. 순수한 혁명적 열정을 나타내는 그들의 구호가 무엇이었든 모스크바가 무기와 자금, 그리고 훈련캠프를 제공했기에 가능한 일이었다. 1970~80년대를 풍미하며 자신들이 진정한 마르크스주의자임을 주장했던 독일의 바더-마인호프 갱(Baader-Meinhof Gang, 독일 적군파)과 이탈리아의 붉은 여단 같은 급진적 테러리스트들은 러시아의 타락한 공산주의자들과 아무런 연관이 없었다고 말하는 유럽인들이 많다. 그러나 지금 우리는 그들이 소비에트 체제의 도움에 철저하게 의존했으며 지원이 끊기자 운동도 끝났음을 알고 있다.

무엇보다 중요한 점은 소련의 치욕스러운 실패가 사회주의자들의 꿈을 완전히 파괴했다는 것이다. 능력에 따라 일하고 필요에 따라 받는다는 사회주의적 이상은 한 세기 반 동안 시장이 내미는 손을 싫어하는 사람들 사이에서 지적인 구심점 역할을 했다. 민족주의 지도자들은 외국의 투자를 차단하고 외채 지불을 거부하면서 사회주의적인 이상을 부추겼다. 노동조합들은 임금인상을 요구하면서 사회주의 수사학을 이용했다. 심지어 기업가들도 관세와 보조금 혜택을 요구하기 위해 막연하게나마 사회주의 원리를 끌어오곤 했다. 이런 상황에서 다소간의 자유시장을 수용하는 정부들은 약간 부끄러워하면서 조심스레 그들의 요구에 따랐다. 모든 것을 시장에 맡기는 것은 야만스럽고 비인간적인 행위며 반反 '사회적인' 정책으로 비쳐질지도 모른다는 두려움을 갖고 있었기 때문이다.

그러나 이제 과연 누가 진지하게 사회주의라는 말을 쓸 수 있을까? 베이비붐 세대의 한 사람으로서 나는 혁명의 꿈, 용감한 자가 역사를 움직인다는 꿈이 광채를 내뿜던 시절을 기억한다. 지금은 웃기는 얘기일 뿐이다. 엄청난 숙청과 강제노동에도 불구하고 러시아의 후진성과 부정부패는 조금도 개선되지 않았다. 중국도 대약진운동(1958~60년 고도 경제성장을 목표로 벌인 중국의 인민운동. 실패로 끝났다 – 옮긴이)과 문화혁명을 치렀음에도 결국 돈이 최고의 선이라는 결론을 내릴 수밖에 없었다.

지금도 이 나라 저 나라에 급진적 좌파들이 남아 있다. 그들은 진정한 사회주의는 아직 시도되지 않았을 뿐이라고 주장한다. 다소 온건한 좌파들도 목소리를 내고 있다. 그들은 마르크스-레닌주의를 거부한다고 해서 꼭 밀턴 프리드먼의 제자가 되란 법은 없다는 논리를 정당화하기 위해 애쓰고 있다.(앞서도 말했지만 밀턴 프리드먼은 보이지 않는 손의 힘을 믿는 자유방임적 시장주의자였다 – 옮긴이) 분명한 점은, 자본주의를 반대하던 열정이 많이 식었다는 사실이다.

(러시아혁명이 일어난) 1917년 이래 처음으로 우리는 사유재산과 자유

시장이 마지못해 택한 방편이 아닌 근본적 원리로 간주되는 세상에 살고 있다. 시장 체제의 불쾌한 측면들, 다시 말해 불평등과 실업, 불공정 등은 인생의 일면으로 받아들여지고 있다. 빅토리아 시대에 그랬던 것처럼 자본주의는 지금 자신의 성공 때문만이 아니라 다른 그럴듯한 대안이 없다는 점 때문에도 확고부동한 위치를 점하고 있다.(잠시 후 살펴보겠지만 자본주의의 성공은 지금까지 매우 실제적이었다)

이러한 상황이 영원히 지속되지는 않을 것이다. 분명 또 다른 이데올로기, 또 다른 꿈들이 등장할 것이다. 만약 현재의 경제위기가 장기간 지속되고 심화된다면 그것은 우리의 생각보다 더 빨리 나타날지도 모른다. 그러나 어쨌든 현재로서는 자본주의가 아무런 도전도 받지 않고 이 세계를 지배하고 있다.

비즈니스 사이클 길들이기

자본주의 사회의 안정을 해치는 난적은 언제나 전쟁과 불황이었다. 말할 필요도 없이 지금도 세계 몇몇 지역에서는 전쟁이 벌어지고 있다. 하지만 20세기 중반에 자본주의를 거의 무너뜨릴 뻔했던 전쟁들은 모두 세계 열강 사이의 거대한 충돌이었다. 가까운 장래에 이런 종류의 전쟁이 다시 발발하리라고 보기는 힘들다.

그렇다면 불황은 어떨까? 대공황은 자본주의와 민주주의를 붕괴 직전의 상황까지 몰고 갔다. 전쟁(제2차 세계대전을 말함-옮긴이)에 대한 책임도 어느 정도는 있다. 하지만 그 후 한동안 지속적인 경제 성장의 시기가 이어졌다. 잠깐의 침체는 기간이 짧은데다 깊지 않았다. 회복도 빨랐으며, 호황이 오래 지속되었다. 1960년대 후반까지 미국은 단 한 차례의 경기후퇴도 없이 성장했다. 이 기간이 너무나 길어 경제학자들이 '비즈니스 사이클은 사라졌는가?'라는 제목으로 토론회를 열 정도였다.

섣부른 생각이었다. 1970년대는 경기침체와 인플레이션이 결합된 스태그플레이션stagflation의 시대였다. 1973년과 1979년에 두 차례의 에너지 위기가 발생하더니, 이어 1930년대 이래 최악의 불경기가 찾아왔다. 하지만 1990년대에 들어오면서 비슷한 토론회가 다시 열리기 시작했다. 로버트 루커스와 벤 버냉키도 (앞에서 살펴봤듯이) 앞으로 일시적인 침체는 있을 수 있지만 범세계적인 불황과 심각한 경기후퇴는 역사 속으로 사라졌노라고 단언했다. 그게 불과 몇 년 전의 일이다.

이러한 주장에 대해 어떻게 생각하는가? 최근에 두드러진 경기후퇴가 없었던 탓에 그랬겠지…, 하는 단순한 생각 말고 말이다. 이 질문에 답하려면 잠시 옆길로 빠져 이론적인 부분을 살펴보며 비즈니스 사이클이 과연 무엇인지 자문해봐야 한다. 특히 시장경제가 왜 침체를 겪는지의 문제부터 고민해야 한다.

어떤 경우에도 답은 확실하다고, 특정한 무엇 때문에 경기후퇴가 일어난다는 식으로 말해서는 안 된다. 특정한 무엇이란 당신이 선택한 편견일 뿐이다. 이 문제에 대해 좀 더 고민해본다면, 특히 시장이 어찌 됐든 수요와 공급을 조절해나간다는 사실을 이해하며 이러한 개념을 전반적으로 신뢰한다면, 경기후퇴는 매우 특이한 현상이 아닐 수 없다는 점을 알게 될 것이다. 경제가 부진할 때, 특히 심각한 불황일 때는 공급은 넘쳐나는데 수요는 거의 없어 보인다. 일하려는 사람은 있는데 일자리가 없고, 공장은 충분한데 주문이 없으며, 상점은 열려 있지만 손님이 별로 없다. 특정한 재화에 대한 수요가 줄어드는 원인을 파악하는 것은 그리 어려운 일이 아니다. 예를 들어 한 제조업체가 바비Barbie 인형을 대량으로 생산하고 있는데 소비자들은 브라츠Bratz 인형을 원한다면 바비 인형 중 일부는 팔리지 않고 재고로 남을 것이다.(바비와 브라츠는 모두 미국 마텔Mattel사 제품이다-옮긴이) 그런데 어떻게 재화에 대한 전반적인 수요가 감소하는 일이 발생할 수 있는가? 사람들이 무언가에 돈을 쓸 필요가 없어진다는 말인가?

불경기에 관해 이야기할 때 난감한 문제의 하나는 불경기 동안 무슨 일이 벌어지는지 그림을 그려보기가 쉽지 않다는 것이다. 이해하기 쉬운 규모로 축소시켜 파악하는 것이 어렵다는 뜻이다. 하지만 내게는 좋은 이야기가 하나 있다. 불경기가 무엇인지 설명할 때 즐겨 인용할 뿐만 아니라, 나 자신의 사고를 가다듬는 '직감의 펌프'로도 이용하는 이야기다.(내가 전에 쓴 책들을 읽어본 독자라면 이미 알고 있을 것이다) 이것은 실화다. 하지만 일본의 불안에 관해 이야기할 제3장에서는 약간의 상상력을 동원할 것이다.

이야기는 조안Joan과 리처드 스위니Ricahrd Sweeney 부부가 1978년 '통화이론과 그레이트 캐피톨힐 베이비시팅 협동조합의 위기'(Monetary Theory and the Great Capitol Hill Baby-sitting Co-op Crisis)라는 제목으로 발표한 기사의 내용이다. 제목만 보고 섣불리 판단하지 말기 바란다. 진지한 이야기다.

스위니 씨 가족은 1970년대에 그레이트 캐피톨힐 베이비시팅 협동조합의 조합원이었다.(별의별 조합이 다 있다는 생각이 들지도 모르지만 어쨌든 그랬다) 캐피톨힐이라는 이름에서도 알 수 있듯이 미국 국회의사당에 근무하는 젊은 부부들 위주의 조합이었고, 서로의 아이들을 돌봐주는 것이 목적이었다. 약 150쌍의 부부가 참여하는 규모가 큰 조합이었기 때문에 언제든 베이비시터로 나설 수 있는 인원은 많았지만, 반대로 큰 조식을 관리해야 하는 부담도 컸다. 특히 각 부부에게 동일한 만큼의 부담을 할당해야 한다는 점이 만만치 않은 과제였다.

캐피톨힐 협동조합은(다른 많은 품앗이 조직들과 마찬가지로) 쿠폰을 발행하는 것으로 문제를 해결했다. 쿠폰 한 장으로 한 시간 동안 아이를 맡길 수 있었다. 아이를 돌보기로 한 부부는 아이를 맡기는 부부로부터 해당하는 시간만큼의 쿠폰을 받고 아이를 돌봐주었다. 구조적으로 볼 때 모든 조합원이 공평할 수 있는 아주 효과적인 시스템이었다. 각 부부는 자신이 아이를 맡긴 시간만큼만 다른 아이를 돌봐주면 됐다.

그런데 문제가 쉽지만은 않았다. 이런 시스템이 제대로 운영되려면 상당량의 쿠폰이 유통돼야만 한다는 사실이 드러났다. 당장 외출할 계획이 없는 부부들은 나중을 위해 최대한 쿠폰을 모아 적립해두려고 했다. 반대로 아이를 맡긴 부부들의 쿠폰은 그만큼 줄어들었다. 그런데 시간이 흐르면서 여러 번 연달아 외출할 수 있을 만큼 충분한 쿠폰을 확보하려는 부부들이 늘어났다.

이 조합에서 쿠폰을 발급받는 일은 나름 복잡했다. 입회할 때 쿠폰을 받고 탈퇴할 때 반납해야 했다. 쿠폰 한 장당 일정액의 수수료를 냈는데, 이 돈은 직원 급여 등 관리비로 쓰였다. 자세한 사정은 그리 중요치 않다. 요점은 회전되는 쿠폰의 양이 상대적으로 적어진 시기가 닥쳤다는 것이다. 조합원들의 수요를 모두 충족시키기엔 턱없이 부족한 양이었다.

결과는 참으로 흥미로웠다. 모아놓은 쿠폰이 부족하다고 생각한 부부들은 다른 부부의 아이를 돌보고 싶어 안달이었고, 외출을 꺼렸다. 그러나 한 부부의 외출이 다른 부부에게 베이비시팅의 기회가 되는 것이었으므로 쿠폰을 모을 기회는 점점 줄어들었다. 이제 사람들은 특별한 일이 아니면 모아놓은 쿠폰을 쓰지 않으려고 했고, 그 결과 베이비시팅의 기회는 더욱 줄어들었다. 간단히 말해 베이비시팅 조합이 불경기에 들어간 것이다.

이야기는 이 정도에서 멈추기로 하자. 자, 이야기를 들은 느낌이 어떤가? 세계적인 경제위기를 다루는 책에서 무슨 아이 돌보기에 관한 얘긴가 싶다면, 그래서 당황스럽다면 당신은 요점을 놓치고 있는 것이다. 어떤 복잡한 시스템을 이해하는 유일한 방법은 모델을 이용하는 것이다. 그것이 전 세계의 날씨든 경제든 마찬가지다. 작동 원리를 파악하기 위해 단순화한 개념이 바로 모델이다. 모델은 때로 수학적 방정식으로 이루어지기도 한다. 아니면 일기예보에 사용하는 시뮬레이션처럼 컴퓨터 프로그램으로 구성될 수도 있다. 항공기 설계자들은 용이한 관찰과 실험을 위해 풍동風洞에 실물을 축소한 모형 비행기를 놓고 실험한다. 캐피톨힐 베이비시팅 조합이 바로 이러한 축소판 경제다.

이 조합은 불경기의 가능성을 지닌 사실상 최소 규모의 경제라고 볼 수 있다. 그들이 경험한 것은 '진짜' 불경기였다. 모형 비행기의 날개에서 발생하는 양력이 진짜 양력이듯, 그리고 항공기 설계자는 모형 비행기의 움직임을 보고 점보제트기의 실제 움직임을 계산할 수 있듯이, 우리는 캐피톨힐 베이비시팅 조합의 성쇠를 통해 실물경제가 성공하기도 하고 실패하기도 하는 이유에 관한 중요한 통찰을 얻을 수 있다.

중대한 현안들을 논의해야 할 마당에 워싱턴 여피족에 대한 소소한 비유담이나 읽고 있다는 생각이 들어 당혹스럽거나 짜증이 난다면, 그건 당신의 생각이 잘못된 탓이다. 내가 앞서 이야기한 것을 잊지 말라. 아이디어를 갖고 놀겠다는 마음과 별난 구석은 단순한 재미의 차원이 아니다. 지금과 같은 시기에 꼭 필요한 덕목이다. 모형 비행기를 갖고 놀지 않겠다는 항공기 설계자를 신뢰해선 안 된다. 모델 경제를 갖고 놀지 않겠다는 경제 전문가도 절대 신뢰해선 안 된다.

베이비시팅 조합의 이야기가 실물경제의 전혀 소소하지 않은 문제들을 이해하기 위한 강력한 도구가 된다는 사실이 점차 확인될 것이다. 경제학자들이 사용하는 이론 모델들, 주로 수학공식으로 이루어져 있는 이 모델들이 사실 베이비시팅 조합의 이야기보다 훨씬 복잡하게 보이는 경우가 많다. 그러나 어려운 모델을 통해서 얻은 결론은 보통 캐피톨힐 조합의 이야기와 같은 비유담으로 옮길 수 있게 마련이다.(만약 그게 안 된다면 모델에 무언가 문제가 있는 것이다) 캐피톨힐 협동조합의 이야기는 앞으로도 이 책에서 여러 번 언급될 것이다.

이제 이 이야기가 담고 있는 두 가지의 핵심적인 의미를 생각해보자. 하나는 불경기의 발생 경위에 관한 것이고, 다른 하나는 불경기를 다루는 방법의 문제다.

먼저 베이비시팅 조합이 왜 불경기에 들어섰는지를 살펴보자. 중요한 것은 조합원들이 아이 돌보는 일을 제대로 하지 못해서 그렇게 된 것은 아니라는 점이다. 그들이 일을 훌륭하게 했을 수도 있고, 아닐 수도 있다. 그러나 이것은 별개의 문제다. 캐피톨힐 사람들의 가치관에 문제가 있어서 조합이 어려움을 겪은 것도 아니요, 아는 집 애만 잘 봐주는 편파주의에 빠져서 그랬던 것도 아니다. 다른 경쟁 조합들만큼 변화하는 보육 기술에 제대로 적응하지 못해서도 아니었다. 문제는 조합의 생산 능력이 아니라 단순히 유효수요(effective demand)의 부족에 있었다. 사람들이 현금(쿠폰)을 모으는 일에만 신경을 쓰느라 실제 재화(아이를 맡기는 시간)의 소비가 현저히 감소했던 것이다. 여기서 우리가 얻을 수 있는 교훈은 무엇일까? 비즈니스 사이클 상의 불황은 한 경제의 근본적인 강점이나 약점과는 거의 혹은 아무런 상관이 없을 수도 있다는 것이다. 튼튼한 경제에도 나쁜 일이 일어날 수 있다는 얘기다.

그렇다면 둘째, 베이비시팅 조합의 해결책은 무엇이었을까? 스위니 부부는 캐피톨힐 조합의 관리위원회를 납득시키는 일이 정말 어려웠다고 보고한다. 주로 법률가들로 이루어진 위원회는 문제가 본질적으로 기술적인 것이며, 쉬운 해결책이 있다는 사실을 인정하려 들지 않았다고 한다. 관리위원들은 처음에 해당 사안을 '구조적 문제' 즉 직접적인 행동이 필요한 문제로 생각했고, 그래서 나온 처방이 각 부부에게 한 달에 최소한 두 번은 외출하도록 '요구'하는 규칙을 제정하는 것이었다. 그러나 결국에는 경제학자들의 의견에 따라 쿠폰의 공급을 늘리는 조치가 취해졌다. 결과는 신기에 가까웠다. 쿠폰 보유량이 늘어남에 따라 부부들은 좀 더 자주 외출하기 시작했고, 이로 인해 다른 부부의 아이를 돌볼 기회도 점점 많아졌으며, 이는 다시 조합원들의 외출 빈도 증가와 베이비시팅 기회의 확대로 이어졌다. 조합의 GBP(Gross Baby-sitting Product) 즉 '베이비시팅 총생산' 수치가 치솟은 것이다.

다시 한번 강조하지만 이는 조합원들의 보육 기술이 향상되었기 때문도 아니요, 조합이 근본적인 개혁을 단행했기 때문도 아니다. 단순히 통화의 혼란이 바로잡혔기 때문이었다. 다시 말해, 단순히 돈을 찍어내기만 해도 불황과 맞서 싸울 수 있다는 얘기다. 때로는 이것이 놀랄 만큼 쉬운 치유책이 될 수도 있다. 이 점을 명심하면서 실세계의 비즈니스 사이클로 돌아가 보자.

아무리 작은 나라의 경제라도 당연히 베이비시팅 조합보다는 훨씬 복잡하다. 더 큰 세계의 사람들은 지금 당장의 즐거움뿐 아니라 미래를 위해서도 투자한다.(조합원들을 아이 돌보는 일이 아니라 놀이울 짓는 일에 고용한다고 가정해보라) 큰 세계에는 여유 자금을 보유한 사람들이 급전이 필요한 이들에게 이자를 받고 돈을 빌려주는 자본시장이라는 것도 있다. 그러나 근본적인 면에서는 작은 세계와 하나도 다를 것이 없다. 불황은 보통 대다수의 대중이 현금을 쌓아둘 때, 다시 말해 투자보다 저축을 하려고 할 때의 문제이며, 이는 더 많은 '쿠폰'을 발행하는 것으로 쉽게 해결할 수 있다.

현대 세계의 쿠폰 발행자들이 바로 중앙은행이다. 연방준비제도이사회, 유럽중앙은행, 일본은행 등이다. 이들은 현금을 필요한 만큼 넣거나 빼서 경제를 안정시키는 역할을 한다. 그런데 이것이 이처럼 쉬운 일이라면 우리는 왜 불황을 겪는 것일까? 중앙은행들은 왜 완전고용을 유지하기에 충분한 돈을 매번 찍어내지 않는 것일까?

제2차 세계대전 이전의 정책입안자들은 단순히 무슨 일을 해야 할지를 알지 못했다. 지금은 밀턴 프리드먼부터 시작해 중도와 좌파에 이르는 사실상 모든 부류의 경제학자들이 대공황은 유효수요의 붕괴 때문에 일어난 것이며, 연방준비제도이사회가 돈을 대규모로 투입해서 이겨냈어야 했다는 데 동의한다. 하지만 당시의 전통적 지혜는 달랐다. 실제로 많은 유명한 경제학자들이 일종의 도덕적 숙명론에 찬동하는 태도를 보였다. 대공황을 그 이전 시기의 무절제가 낳은 불가피한 결과요, 하나의 건강한 과정으로 본 것이다. 조지프 슘페터(Joseph Schumpeter, 모라비아 태생의 미국 경제학자로 자본주의 발전 이론과 경기변동론 연구로 잘 알려져 있다-옮긴이)는 이렇게 단언했다. "회복은 스스로 찾아올 때만 건강하다. 인위적인 자극에 의한 회복은 불황의 작용 가운데 일부를 미해결 상태로 남기며, 조정불량의 완전히 해결되지 않은 찌꺼기에 새로운 조정불량을 추가한다. 이 조정불량 역시 언젠가는 해결해야 하는 것이므로 결국 향후 또 다른, 더 나쁜 위기가 닥쳐 경제를 위협하게 된다."

그러나 이러한 숙명론은 제2차 세계대전이 끝난 후 사라졌다. 다음 한 세대 동안 대부분의 국가들은 비즈니스 사이클을 통제하기 위해 능동적으로 움직였고, 상당한 성공을 거두었다. 불황은 그리 심하지 않았다. 일자리는 언제나 풍부했다. 1960년대 말에 이르자 많은 사람들은 비즈니스 사이클이 더 이상 큰 문제가 아니라고 믿기 시작했다. 심지어 닉슨 대통령은 경제를 '미세조정'(fine-tune)하겠다고까지 약속 했다.

오만이었다. 1970년대가 되자 완전고용 정책의 비극적인 결함이 나타나기 시작했다. 만약 중앙은행이 일자리 창출에 지나치게 낙관적이라면, 즉 너무 많은 돈을 투입한다면 결과는 인플레이션으로 나타난다. 그리고 일단 인플레이션이 대중들의 기대 속에 깊이 뿌리박히게 되면 한동안 높은 실업률을 겪어내는 것 외에는 다른 방도가 없다. 여기에 갑자기 물가를 올리는 약간의 외부적 충격-이를테면 유가의 급상승-이 가해지면 공황 수준에는 못 미치더라도 고약한 경기후퇴 상황이 조성되는 것이다.

그러나 1980년대 중반 무렵에 인플레이션은 견딜만한 수준으로 떨어졌고, 석유도 풍부하게 공급되었다. 마침내 중앙은행들이 경제 관리의 요령을 터득해가고 있는 것처럼 보였다. 실제로 당시에 발생한 경제적 어려움들은 오히려 우리가 불황이라는 괴물의 정체를 드디어 파악했다는 느낌에 더욱 확신을 주는 듯했다. 예를 들어 1987년 미국의 주식시장이 붕괴됐을 때 하루 동안 1929년 붕괴 첫날의 폭락과 같은 수준으로 주가가 떨어졌다. 그러나 연방준비제도이사회는 즉시 현금을 쏟아부었고, 실물경제는 침체의 기미조차 보이지 않았으며, 다우 지수는 곧바로 회복되었다. 1980년대 말에는 중앙은행 관계자들이 사소한 인플레이션 징후를 걱정하다가 불황의 조짐을 놓쳐버린 일이 발생했다. 대응책을 세울 시기가 지나버린 것이다. 그러나 불황으로 인해 조지 H. W. 부시가 대통령 재선에 실패했을 뿐, 경제는 통상적인 처방에 반응을 보였고 미국은 또 다른 성장기로 들어섰다. 그리하여 1990년대 말 무렵이 되자 비록 비즈니스 사이클이 사라진 것은 아니지만 적어도 의심할 여지 없이 길들여지기는 했다고 말해도 무방하게 되었다.

비즈니스 사이클을 길들인 공적의 상당 부분이 통화관리자들에게로 돌아갔다. 역사상 앨런 그린스펀만큼 신비로움을 풍기며 수완을 잘 발휘한 중앙은행 총재도 없었을 것이다. 그러나 한편에선 미국 경제의 기본 구조가 지속적인 번영이 가능한 쪽으로 바뀐 게 아닌가 하는 판단도 나오고 있었다.

구세주로서의 기술

과학기술의 측면에서만 이야기하자면 현대 정보시대는 인텔이 마이크로프로세서를 내놓았던 1971년부터 시작됐다고 할 수 있다. 1980년대 초가 되면서 이 기술을 활용한 제품인 팩스, 비디오 게임기, 개인용 컴퓨터 등이 널리 보급되기 시작했다. 그러나 당시에는 아직 혁명적 수준으로는 느껴지지 않았다. 대부분의 미국인들은 정보산업이 IBM 같은 거대하고 관료적인 기업들에 의해 계속 지배될 것이라고 생각했다. 혹은 신기술 모두가 종국에는 팩스나 VCR, 비디오 게임기와 같은 길을 걷게 될 것이라고 추측했는데, 즉 발명은 혁신적인 미국인들이 했지만 정작 돈은 얼굴 없는 일본의 제조사들이 벌게 될 것이라고 믿었다.

그렇지만 1990년대가 되면서 정보산업이 앞으로 미국 경제의 외양과 분위기를 완전히 바꾸어놓으리라는 예측이 지배적이 됐다.

정보기술이 실제로 얼마만큼의 경제적 혜택을 가져다 줄 것인지에 대해서는 여전히 회의적일 수 있다. 그러나 부인할 수 없는 점은 이러한 신기술들이 지난 20~30년 동안의 무엇보다도 더 우리가 일하는 방식에 가시적인 영향을 미치고 있다는 사실이다. 전형적인 미국 직장인들의 모습을 떠올려보자. 20세기 초엽부터 1980년대까지 일반 사무실의 기본적 모습과 일하는 방식에는 이렇다 할 큰 변화가 없었다. 타자기와 메모지와 서류 캐비닛이 있었고, 회의실에서 회의를 했다. (잠깐, 복사기 덕분에 먹지가 사라지는 변화는 있었다.) 그러던 것이 실로 한순간에 모두 변했다. 책상마다 네트워크로 연결된 컴퓨터가 놓였고 이메일과 인터넷, 화상회의, 재택근무 등이 현실화되었다. 이것은 질적인 변화요, 명백한 변화였다. 단순한 양적 개선으로는 얻을 수 없는 중대한 진보라는 느낌을 주었다. 그리고 진보의 느낌은 기술 발전과 함께 자본주의에 대한 새로운 낙관주의를 불러일으켰다.

나아가 새로운 산업은 소위 자본주의의 낭만이라는 것을 되살려냈다. 영웅적인 사업가가 멋진 신제품을 만들어 마땅히 백만장자가 된다는 신화가 되살아난 것이다. 헨리 포드의 시대 이후로 영웅적 기업가란 차츰 신화 속으로 사라져 가는 것 같았다. 경제는 갈수록 거대 기업들에게 지배당했고, 기업들은 낭만적 혁신가가 아니라 정부관리나 다름없는 관료주의자들의 손에 운영됐기 때문이다. 1968년 갤브레이스(John Kenneth Galbraith, 미국의 경제학자. 존 F. 케네디 대통령의 핵심 자문 역할을 했다-옮긴이)는 다음과 같이 썼다. "현대식 기업이 융성하고, 현대적 기술 및 전략에 부합하는 조직의 출현과 더불어, 자본가의 경영 배제 풍토가 생겨나면서 성숙한 산업 분야에서 개인적 존재감을 유지하는 기업가는 더 이상 존재하지 않게 되었다." 이처럼 정의가 없는 사회주의와 비슷해 보이는 자본주의에 과연 누가 열광할 수 있었겠는가?

하지만 정보산업은 산업 질서를 뒤흔들어놓았다. 19세기에 그랬던 것처럼 경제 이야기의 주인공은 다시 뛰어난 개인들이 되었다. 더 나은 아이디어를 갖고 이것을 차고나 식탁에서 발전시켜 부를 쌓은 남자와 (더 드물긴 하지만) 여자들의 이야기가 된 것이다. 경제 관련 잡지들이 재미난 읽을거리가 되었으며 성공한 기업가들이 존경의 대상으로 비쳐지기 시작했다. 한 세기가 넘는 세월 동안 볼 수 없던 현상이었다.

나아가 이러한 변화는 자유시장의 개념을 위한 비옥한 토양이 되었다. 약 40년 전만 해도 자유시장과 구속받지 않는 기업가 정신의 미덕을 옹호하는 사람들이 멋져 보이는 일은 드물었다. 그들이 '개인기업'을 말하면 사람들은 흔히 제너럴모터스(GM)를 떠올렸다. 그들이 '비즈니스맨'을 말하면 사람들은 회색 양복을 입은 사내를 떠올렸다. 그런데 1990년대에 들어 부富가 미덕의 산물이라는, 적어도 창의성의 산물이라는 과거의 개념이 화려하게 부활했다.

그러나 경제적 낙관주의를 무엇보다 부채질한 것은 번영의 놀라운 확산이었다. 선진국(사실 이들 나라에서는 사람들의 기대와는 달리 번영의 혜택이 그렇게 널리 확산되지는 않았다)뿐만 아니라 얼마 전까지만 해도 경제적으로 희망이 없다고 혹평을 받던 많은 나라들에까지 번영의 물살이 흘러들었던 것이다.

세계화의 열매

원래 '제3세계'라는 용어는 자부심의 표상으로 나온 말이었다. 자와할랄 네루(Jawaharlal Nehru, 인도의 독립운동가 겸 정치가로 영국으로부터 독립한 후 초대 국무총리를 지냈다-옮긴이)가 만들어낸 이 용어는 서방이든 구소련이든 누구와도 동맹을 맺지 않고 자주성을 지키는 나라들을 일컫는 말이었다. 그러나 정치적 의도는 곧 경제적 현실에 압도당하고 말았다. 그리하여 이제 '제3세계'는 가난한 저개발 국가들을 가리키는 용어가 되어, (열강들에 대한) 정당한 요구가 아닌(경제적으로) 가망 없음을 함축하기에 이르렀다.

이 모든 것을 바꾼 것이 바로 세계화(globalization)였다. 기술과 자본이 고임금 국가에서 저임금 국가로 이전했고, 결과적으로 노동집약적인 제3세계의 수출이 증가하게 되었다.

세계화 이전의 세계가 어떤 모습이었는지 기억하기란 조금 힘들다. 시계를 잠깐 되돌려 한 세대 전의 제3세계로 돌아가 보자.(여전히 많은 국가들이 지금도 과거의 상태 그대로다) 당시 몇몇 동아시아 국가들의 급속한 경제성장이 주목을 받기는 했지만 필리핀과 인도네시아, 방글라데시 같은 개발도상국들은 여전히 원자재 수출국이면서 공산품 수입국이라는 과거의 모습을 벗지 못하고 있었다. 소규모의 비효율적 제조 부문이 수입 제한의 보호를 받으며 국내 시장을 담당하고 있었지만 일자리 창출 효과는 미미했다. 그러는 동안 인구 과밀로 인해 토지에 대한 압력이 높아지면서 농민들은 점점 경작할 땅을 찾기 힘들게 됐고, 절망에 빠진 그들은 앞뒤를 가릴 처지가 아니었다. 많은 제3세계 도시 변두리의 쓰레기산 위에 형성된 판자촌이 좋은 예다.

상황이 이랬기 때문에 1970년대 중반 자카르타나 마닐라에서는 최소 임금으로 노동자를 고용할 수 있었다. 그러나 값싼 노동력만으로는 세계시장에서 공산품으로 경쟁할 수 없었다. 선진국들이 확립해놓은 강점들, 즉 인프라와 기술 노하우, 거대한 시장, 핵심부품 공급자 확보 문제, 정치적 안정, 그리고 효율적인 경제를 운영하는 데 필요한 미묘하지만 핵심적인 사회적응 수준 등이 10배 내지 20배씩 차이가 나는 임금 격차보다 더 중요한 요소로 보였다. 급진파들조차 이런 강점들에 대해서는 아예 역전하려는 노력 자체를 포기한 듯 보였다. 1970년대 당시 '새로운 국제 경제 질서'에 대한 요구는 제3세계 국가들의 산업을 현대화하기보다는 원자재 가격을 상승시키려는 시도에 초점이 모아졌다.

그러다가 무언가 변화가 생겼다. 낮은 관세장벽, 향상된 통신기술, 값싼 항공수송의 출현 등의 특정 요인들이 어떤 식으로 결합하면서 (이 부분에 대해선 지금도 완벽하게 이해하지 못하고 있다) 개발도상국에서 생산하는 데 따르던 취약점들을 축소시킨 것이다. 다른 조건들이 같다면 지금도 제1세계에서 생산하는 편이 여러모로 이롭다.(멕시코나 동아시아로 생산시설을 옮겼다가 제3세계의 불리한 환경을 직접 체험하고 철수한 기업들의 이야기는 흔하다) 그러나 이제는 저임금이 세계시장 진입에 충분한 경쟁우위가 된 산업 분야들이 많아졌고, 덕분에 지난날 아마나 커피를 팔아 생계를 꾸려가던 나라들이 셔츠와 운동화를 생산하기 시작했다.

셔츠나 운동화 공장에서 일하는 노동자들은 불가피하게 극단적인 저임금을 받으며 열악한 작업환경을 견디고 있을 것으로 예상된다. 여기서 내가 '불가피하다'고 한 것은 그들의 고용주가 자신들-또는 근로자들-의 건강을 위해 사업을 하는 것이 아니기 때문이다. 고용주는 당연히 임금을 적게 주려 할 것이고, 그 최저임금마저도 노동자들이 선택할 수 있는 다른 일거리가 있느냐 없느냐에 따라 결정될 것이다. 대부분은 여전히 극단적으로 가난한 나라들의 이야기다.

그러나 새로운 수출산업이 뿌리를 내린 나라에서는 일반 국민들의 생활수준이 뚜렷하게 향상되었다. 부분적인 이유는, 성장 산업의 경우 노동자들을 고용하기 위해서는 다른 곳에서 받을 수 있는 임금보다 더 많은 액수를 제시해야만 했기 때문이다. 하지만 더 중요한 이유는 제조업의 성장과 새로운 수출 부문이 만들어낸 관련 일자리의 확대가 경제 전체에 파급효과를 일으켰기 때문이다. 토지에 대한 압력이 약해짐에 따라 농촌의 임금이 상승했다. 언제나 일거리를 찾아 헤매던 도시 실업

군이 감소하면서 공장들은 노동력 확보를 위해 서로 경쟁하기 시작했고, 그 결과 도시 임금도 상승하기 시작했다. 이런 과정이 충분한 기간 동안 진행된 나라들-예컨대 한국이나 대만-에서는 평균임금이 거의 선진국 수준에 근접했다. (1975년 한국의 시간당 평균임금은 미국의 5퍼센트에 불과했으나 2006년 무렵에는 62퍼센트로 상승했다.)

신흥 공업국에서 수출주도형 성장으로 인해 대중들이 받는 혜택은 막연한 어림짐작이 아니라 분명한 통계 수치로 나타난다. 인도네시아의 경우 너무 가난하기 때문에 1인당 평균 칼로리 섭취량으로 소득 향상을 측정하고 있는데, 1968년에 2,000칼로리였던 것이 1990년에는 2,700칼로리로 상승했다. 평균수명도 46세에서 63세로 높아졌다. 환태평양 지역 전체에서 이와 비슷한 향상을 쉽게 발견할 수 있으며, 심지어 방글라데시도 그중 한 나라다.

이러한 발전은 선의를 가진 구미 선진국 사람들이 도움을 주었기 때문이 아니다. 안 그래도 많지 않던 외국의 원조는 1990년대에 들어 대폭 축소되더니 이제는 사실상 없는 것이나 다름없게 되었다. 그렇다고 가난한 나라의 정부가 자비로운 정책을 베푼 결과 이렇게 된 것이냐 하면, 그것도 아니다. 독자들도 익히 알겠지만 이런 나라의 정부란 보통 (국민들의 고통에) 둔감하기 짝이 없을뿐더러 부패에 찌들어 있기 마련이다.

이러한 발전은 냉혹한 다국적 기업과 탐욕스러운 현지 기업들의 움직임이 낳은 간접적이며 의도하지 않은 결과였다. 그들의 관심은 오로지 값싼 노동력이 제공하는 이윤 추구의 기회를 이용하는 것뿐이었다. 교훈을 주는 훈훈한 이야기가 아니었던 것이다. 하지만 그들의 동기에 어떤 비열한 면이 깔렸었다 하더라도 결과적으로 수억 명의 사람들이 극빈 상태에서 벗어나 (일부는 여전히 절박하지만 그럼에도 불구하고) 다소 나은 삶을 살 수 있게 됐다.

이로 인해 자본주의는 다시 한번 정당성의 입증과 함께 신뢰를 받게 되었다. 사회주의자들은 오랫동안 발전을 약속해왔다. 제3세계에서 스탈린의 5개년 계획을 연구하며 후진국의 20세기 도약 모델을 모색하던 시절도 있었다. 심지어 소련이 진보의 영광을 잃어버린 뒤에도 지식인들 상당수는 가난한 나라들이 빈곤의 늪에서 벗어날 수 있는 유일한 방법은 앞선 나라들과의 경쟁에서 벗어나는 것뿐이라고 믿었다.

하지만 1990년대에 이르러 세계에는 어쨌거나 급속한 발전이 가능하다는 것을 보여주는 역할 모델들이 다수 생겨나게 되었다. 그것도 자랑스러운 사회주의적 고립을 통해서가 아니라 글로벌 자본주의에 최대한 통합되는 방식으로 말이다.

회의와 비판

공산주의 몰락 이후의 세계 경제 상태에 대해 모두가 만족했던 것은 아니다. 미국은 번영을 자랑했지만 다른 선진국들은 갖가지 경제적 어려움을 겪어나갔다. 일본은 1990년대 초반 발생한 거품경제의 붕괴에서 벗어나지 못하고 있었고, 유럽은 회복세 속에서도 지속적인 고실업율, 특히 젊은층의 실업으로 대변되는 이른바 '유럽경화증'(Eurosclerosis)으로 여전히 큰 고통을 받았다.

미국에서도 모든 사람들이 번영의 혜택을 나누어 가진 것은 아니었다. 성장의 혜택은 불공평하게 분배되었다. 재산과 소득의 격차가 '위대한 개츠비' 시절 이래로는 볼 수 없었던 수준까지 벌어졌고, 공식적인 통계에 따르면 많은 근로자들의 실질임금도 사실상 감소했다. 또한 최하위 계층 2,000~3,000만 명에게 있어 경제는 성장은커녕 오히려 미미하게나마 후퇴했음이 분명히 드러났다.

어떤 사람들은 다른 일 때문에 분노를 터뜨렸다. 제3세계 근로자들의 저임금과 열악한 작업환경이 도마에 올라 윤리적 차원의 문제로 확대된 것이다. 제1세계의 기준에서 볼 때 제3세계 노동자들은 매우 비참한 상황이었고, 이를 비판하는 사람들은 저임금에 열악한 환경이라도 일자리가 없는 것보다는 낫다는 주장을 이해하려 들지 않았다. 그보다 인도주의자들은 (더 타당하게도) 세계의 많은 지역이 세계화의 혜택을 전혀 받지 못하고 있음을 지적했다. 특히 아프리카는 더욱더 심화되는 빈곤과 만연하는 질병, 야만적인 분쟁에서 여전히 헤어나지 못하고 있었다.

언제나 그렇듯이 재난을 예언하는 자들도 있었다. 그러나 1930년대 이래로 새로운 공황이 곧 도래할 것이라고 예언하는 사람들은 늘 있어왔고, 분별 있는 관찰자들은 이러한 경고를 심각하게 취급하지 않는 법을 익혀왔다. 1990년대 초반 라틴아메리카에서 발생한 불길한 전개(알고 보니 불황의 재발 가능성을 알렸던 신호)가 전반적으로 무시되었던 이유가 여기에 있었다.

Chapter 02

경고를 무시하다

–라틴아메리카의 위기

낱말연상놀이를 한다고 가정해보자. 한 사람이 어떤 단어나 구절을 말하면 상대는 머릿속에 첫 번째로 떠오르는 것을 말하는 놀이다. 그런데 상대방이 노련한 국제은행가나 금융 관련 관리, 혹은 경제학자라고 치자. 아주 최근까지도, 아니 지금도 그럴 가능성이 높은데 만약 '금융위기'라는 낱말을 제시하면 십중팔구는 '라틴아메리카'라는 대답이 튀어나올 것이다.

과거 몇 세대 동안 라틴아메리카는 통화위기와 은행파산, 극도의 인플레이션 등 우리가 알고 있는 모든 금융 문제의 광풍에 시달렸다. 매우 독특한 현상이 아닐 수 없다. 힘없는 민선정부와 강력한 군사독재가 번갈아 들어섰는데, 둘 다 현실성 없는 인기영합정책(포퓰리즘)으로 대중의 지지를 얻으려고 노력했다. 어쨌든 포퓰리즘 정책을 펴려면 돈이 필요했고, 그래서 이들 정부는 둘 중 한 가지 방식에 의존했다. 하나는 부주의한 외국 은행에서 돈을 빌리는 것이었는데, 결과는 국제수지 불균형과 대외 채무불이행으로 나타났다. 다른 하나는 화폐의 남발이었고, 그 결과는 하이퍼인플레이션(hyperinflation, 단기간에 발생하는 심한 물가 상승 현상-옮긴이)이었다. 오늘날까지도 경제학자들이 거시경제 포퓰리즘의 위험성에 관한 비유담을 들 때, 그리고 화폐가 불량해질 수 있는 갖가지 경우를 설명할 때 으레 사용하는 가상의 화폐 이름이 바로 '페소'peso다.

그러나 1980년대 후반에 들어서면서 라틴아메리카는 정신을 차린 것 같았다. 피노체트(Augusto Pinochet, 1974~1989년 칠레 군사정부의 대통령-옮긴이)의 야만성을 존경하는 남미인은 거의 없었다. 하지만 그가 시작한 경제 개혁은 굉장한 성공은 거둔 것으로 입증됐고, 그 성과는 칠레가 마침내 민주주의로 복귀한 다음에도 유지되었다. 칠레의 성장에 가속도가 붙으면서 이 나라가 빅토리아 시대의 덕목-건전한 화폐와 자유시장-으로 돌아온 것은 남미 각국에 점차 매력적인 일로 보이기 시작했다. 과거의 정책들이 마침내 한계점에 다다른 상황으로 보였던 터라 더욱 그러했다. 1982년에 시작된 외채위기는 10년이 다 돼가도 가실 줄을 몰랐고, 무언가 급격한 정책 변화만이 회생의 길이라는 사실은 갈수록 확실해졌다.

결국 라틴아메리카는 개혁의 길로 들어섰다. 국영기업들이 민영화되었고 수입제한은 철폐되었으며 예산 적자가 줄어들었다. 인플레이션을 잡는 일이 최우선 과제였다. 몇몇 나라들은 자국 통화의 신뢰를 회복하기 위해 특별한 수단을 강구했고, 이런 노력들은 바로 좋은 결과로 이어졌다. 효율성이 제고되었을 뿐만 아니라 외국 투자자들도 새로운 신뢰를 보내기 시작했다.

이들 나라는 1980년대를 '금융 부랑자' 신세로 보냈다. 1990년까지만 해도 남미에서 손을 떼고 싶어하는 채권자들은 모험을 두려워 않는 투자자들에게 채권을 팔았는데, 액면가 1달러당 평균 30센트밖에 받지 못했다. 그러던 부랑자들이 이제 국제시장의 매력덩이가 되었다. 애당초 이들을 외채위기로 몰아넣었던 은행 차입금을 훨씬 뛰어넘는 액수의 자금이 유입되었다.

세계 유수의 언론들이 새로운 라틴아메리카, 특히 멕시코의 기적에 관해 이야기하기 시작했다. 1994년 9월, 다보스 포럼의 운영자들이 내놓은 연례 「세계 경쟁력 보고서」는 시대의 영웅인 카를로스 살리나스 멕시코 대통령의 특별 메시지를 대서특필했다.

그로부터 석 달 뒤, 멕시코는 사상 최악의 금융위기에 빠져들었다. 이른바 '테킬라 위기'(Tequila Crisis)는 1930년대 이후 개별 국가를 강타한 불황 중 최악의 불경기를 유발했다. 그 여파는 라틴아메리카 전체로 퍼져나갔고, 급기야는 아르헨티나의 은행 체계를 파탄 직전까지 몰고 갔다.

돌아보건대 우리는 이 위기를 불길한 징조로 받아들였어야만 했다. 시장의 호평이 변덕일 수도 있다는 것, 오늘의 좋은 기사가 내일의 신뢰 위기를 막아주지는 못한다는 경고로 해석했어야 마땅했다. 그러나 경고는 무시되었다. 왜 그랬는지를 이해하려면 먼저 라틴아메리카의 위기가 이상하리만큼 주목받지 못했던 전후사정을 살펴보아야 한다.

멕시코: 1980년대의 위기 극복

멕시코 정부가 순진했다고 말할 수 있는 사람은 없을 것이다. '시엔티피코스'Científicos라고 불리던 대통령의 측근들은 멕시코를 현대적 국가로 탈바꿈시키고자 애쓰던 고학력의 젊은이들이었다. 이들은 멕시코가 세계 경제와 밀접한 통합을 이루어야 한다고 믿었다. 외국 투자자들을 환영했고, 그들의 재산권을 확실히 보장했다. 이러한 혁신적 리더십에 고무된 외국 투자자들이 많이 몰려들어 멕시코의 현대화에 핵심적 역할을 수행했다.

눈치 챘는가? 그렇다. 지금까지 한 말에는 속임수가 숨어 있다. 이것은 최근의 멕시코 정부에 관한 설명이 아니다. 1876년부터 멕시코를 통치하다가 1911년 민중봉기로 인해 축출된 포르피리오 디아스 정권에 대한 설명인 것이다. 이어진 약 10년의 내전 끝에 탄생한 정부는 포퓰리즘과 국수주의의 성향이 강했고, 외국 투자자들에게 의심의 눈초리를 보냈는데, 특히 미국의 투자를 못마땅해했다.

제도혁명당, 줄여서 PRI[Institutional Revolutionary Party]라고 하던 집권당은 멕시코를 현대화하고 싶어했다. 그러나 자기들 나름의 방식으로 하기를 원했는데, 골자는 국내시장에서 활동하는 자국 기업들에게 산업 개발을 맡기고, 관세와 수입제한을 통해 (상대적으로 경쟁력이 높은) 외국 기업들로부터 그들을 보호해주는 것이었다. 외국자본은 외국의 통제를 받지 않는다는 조건으로만 받아들였다. 멕시코 기업의 의결권이 자국민들의 손에 남아 있는 한에서만 미국 은행에서 돈을 빌릴 수 있도록 한 것이다.

이러한 내부지향형 경제정책은 비효율적이었다. '마킬라도라' maquiladora 즉 미국과의 국경 인근 좁은 지역에 위치한 수출지향형 공장들을 제외하고는 세계화의 상승 물결을 적절히 활용하지 못했기에 하는 말이다. 그러나 멕시코의 개발 정책은 일단 확립된 뒤에는 이 나라의 정치·사회적 체계 안에 깊숙이 뿌리내려버렸다. 이것을 굳건히 지탱한 버팀목이 다름 아닌 '철의 삼각형'으로 그들은 △산업계의 과두지배자(대출과 수입 허가 우선권을 받았다) △정치가(과두지배자들로부터 거액을 받았다) △노동조합(보호받는 산업 분야에서 일하며 상대적으로 높은 임금을 받는 노동자인 '노동귀족'들)이었다. 또 한 가지 언급할 점이 있다. 1970년대까지 멕시코는 재정팽창을 막기 위해 세심한 주의를 기울였다. 경제성장률은 실망스런 수준이었지만 이렇다 할 위기 역시 없었다.

그런데 1970년대 후반이 되면서 전통적인 조심스러움은 어디론가 사라지고 말았다. 새로운 유전의 발견과 여기서 나온 기름의 높은 가격, 외국 은행들로부터의 대규모 차입 등이 어우러지며 멕시코 경제는 엄청난 호황기에 들어섰다. 경기가 달아올랐다. 하지만 돈이 굴러들어올 때 경고의 징후를 함께 읽은 사람은 거의 없었다. 이따금 새롭게 대두되는 금융상의 문제점을 지적하는 기자들이 있었지만 일반적인 견해는 멕시코-그리고 라틴아메리카 전체-가 금융 리스크에 거의 노출되어 있지 않다는 것이었다. 이 자화자찬은 지금이라도 수치로 뒷받침할 수 있다. 1982년 7월 말까지 멕시코 채권의 이자율은 세계은행 같은 안전한 차입자의 것보다 약간 낮을 뿐이었다. 이것은 투자자들이 멕시코가 제때 빚을 갚지 못할 리스크가 거의 없는 것으로 여겼음을 의미한다.

그러나 다음 달 중순에 멕시코 대표단이 워싱턴으로 날아갔다. 미국 재무장관에게 이제 돈이 다 떨어졌다는 것, 그래서 더 이상의 외채 상환은 어렵다는 사실을 알리기 위해서였다. 몇 달 안 되어 이 위기는 라틴아메리카 대부분의 지역과 외부로 퍼져나갔다. 은행들은 대부를 중단하고 상환을 요구하기 시작했다. 황급히 여러 조치들이 취해졌다. 미국 정부와 국제결제은행(Bank for International Settlements) 같은 국제기관들이 긴급 대부를 해주었다. 채무상환의 기일 재조정도 이뤄졌다. 점잖게 '합의 대부'라고 불리는 것도 있었는데, 기존 대출금에 대한 이자를 납부하라고 은행에서 어쩔 수 없이 주는 대부였다. 덕분에 대부분의 나라들이 아웃라이트디폴트(outright default, 채무불이행의 한 종류. 만기 또는 유예 기간 내에 부채 이자나 원금의 실질적 합의 상환을 하지 못하는 것-옮긴이)만은 가까스로 피할 수 있었다.

그러나 금융재앙을 이렇게 일시적으로 회피한 데 따른 대가는 심각한 불황이었다. 회복이 느리고 고통스러울 수밖에 없는 불황 말이다. 1986년 멕시코의 1인당 실질소득은 1981년보다 10퍼센트나 낮았다. 그리고 1983년부터 1986년까지 4년 동안 평균 70퍼센트를 상회하는 인플레이션이 계속되면서 실질 임금은 위기 이전에 비해 30퍼센트나 감소했다.

이때 새로운 개혁가들이 등장했다. 이 '새로운 계층'은 1970년대를 거치면서 멕시코의 집권당과 정부 내에서 계속 영향력을 확대해왔다. 하버드나 MIT에서 수학한 사람이 다수일 정도로 교육 수준이 높고 영어가 유창하며 국제적 시각을 갖춘 그들은 PRI의 보스후원체제라는 정치 환경에서 능히 항해할 줄 안다는 면에서는 멕시코인이었고, 세상이 달라져야 한다고 믿는다는 면에서는 미국화되어 있었다. 경제위기는 구세대 정치인들 즉 '공룡'들을 당황하게 만들었다. 그러나 이 신세대 '테크노폴'(technopol, 기술적 전문성을 갖춘 정치인-옮긴이)들을 칠레에서 자유시장 개혁이 어떤 효과를 거두었는지, 한국에서 수출지향형 성장이 어떻게 이루어졌는지, 이스라엘에서 인플레이션 안정 대책이 어떻게 진행됐는지를 모두 잘 알고 있었다. 그들은 시대가 자신을 부르고 있음을 인지했다.

그들은 혼자가 아니었다. 1980년대 중반 무렵까지 남미의 많은 경제학자들이 1950~60년대식 국가통제주의 견해를 버렸다. 대신 그들은 '워싱턴 컨센서스'(미국식 시장경제 체제의 대외 확산 전략을 뜻하는 말. 미국의 정치·경제학자인 존 윌리엄슨이 남미 등 개도국에 대한 개혁 처방을 이처럼 명명한 데서 유래했다-옮긴이)라고 불리는 견해를 받아들였다. 건전한 예산과 낮은 인플레이션, 탈규제 시장, 그리고 자유무역으로 경제성장을 가장 잘 이룰 수 있다는 것이었다.

1985년 미겔 데라마드리드Miguel de la Madrid 멕시코 대통령은 급진적 무역 자유화를 통해 매우 극적으로 이 독트린을 실천에 옮기기 시작했다. 관세를 대폭 인하하고, 정부의 허가를 필요로 하는 수입품의 범위를 과감히 축소했다. 정부에서는 국영기업의 일부를 매각하기 시작했다. 외국인 투자 지분에 대한 엄격한 규정도 완화했다.

그리고 가장 놀라운 일이 벌어졌다. 데라마드리드가 PRI의 보스그룹에서 한 명을 후계자로 지명하던 관례를 깨고, 새로운 개혁가들의 대표격인 인물(PRI 당원이긴 했지만 아직 보스그룹에는 오르지 못한 인물)을 자신의 후계자로 지명한 것이다. 그가 바로 당시 기획예산처 장관이었던 카를로스 살리나스 데고르타리Carlos Salinas de Gortari이다. 살리나스는 하버드의 케네디 행정대학원에서 학위를 받았으며, 그를 둘러싸고 있던 집단은 뛰어난 경제학자들로 주로 MIT에서 교육받은 사람들이었다.

내가 '후계자로 지명했다'는 표현을 쓴 것은 나름대로 신중하게 생각한 결과다. 멕시코의 정치체제는 1920년부터 1990년까지 매우 특이한 형태를 취해왔다. 물론 공식적으로는 대의민주주의였지만 이 소설과도 같은 일이 실제로 현실이 된 것은 놀랍게도 최근의 일이다.

1988년 살리나스가 대통령으로 선출되던 당시의 멕시코 민주주의는 과거 시카고에서 성행했던 마피아식 정치의 흥미로운 변형판이었다. 투표가 이루어지기는 했지만 후원자의 뜻대로 이루어졌고, 표가 모자라면 창의적인 계산방식으로 보충하는 일당체제였던 것이다. 그렇지만 이 체제에는 특기할 만한 점이 있었다. 6년의 임기 동안에는 제왕과 같은 절대권력을 휘두르지만 연임은 불가능했다. 임기 동안 적당한 돈을 모은 다음에 내려와야 했는데, 이때 권력을 넘기고 싶은 후계자를 지명하면 되는 것이었다. 그러면 후계자는 PRI의 공식후보 지명을 받고 틀림없이 이기게 되어 있었다.

1988년에 이 체제는 나라 전체의 상황과 마찬가지로 시험대에 오르게 되었다. (현직 대통령이 지명하고 PRI가 공식후보로 추대한) 살리나스에게 강력한 도전자가 나타났기 때문이다. 인기가 높았던 전직 대통령의 아들이자 PRI 내부 민주파의 수장이었던 콰우테모크 카르데나스 Cuauhtémoc Cárdenas가 ―동조세력을 이끌고 탈당하여 야당을 만든 뒤― 살리나스의 자유시장 개혁주의에 맞서 좀 더 전통적이고 반자본주의적인 포퓰리즘을 내세운 것이었다. 팽팽한 선거전이 벌어졌고, 카르데나스가 이겼다. 그러나 정부관리들의 '공식' 집계 결과는 그렇게 나오지 않았다. 살리나스는 이런 우여곡절 끝에 대통령이 되었고, 따라서 어느 전임자보다도 많은 재화를 국민들에게 내놓아야 하는 처지에 놓였다. 그는 케임브리지에서 훈련받은 경제팀 쪽으로 눈을 돌렸다.

살리나스의 성공은 다음과 같은 두 가지의 핵심적 정책 변화가 있었기에 가능했다. 첫째는 외채위기의 해결이었다. 미국 정부는 자국의 대통령 선거를 무사히 치르고 난 1989년 초, 불쾌한 현실에 기꺼이 맞서겠다는 다소 예기치 못한 적극성을 보여주기 시작했다. 미국 정부가 마침내 다들 오래 전부터 알고 있던 사실을 인정한 셈이었다. 즉, 많은 저축대부조합(S&L, 우리나라의 신용 금고에 해당하는 미국의 지역 금융기관-옮긴이)들이 납세자의 돈으로 도박을 해왔다는 사실, 그리고 그것들을 폐쇄시켜야 한다는 사실 말이다. 또한 재무장관 니콜라스 브래디 Nicholas Brady는 한 연설에서 충격적인 발언을 토해냈다. 라틴아메리카는 채무를 온전히 변제할 능력이 없으며 따라서 어떤 형태로든 채무탕감이 이루어져야 한다는 내용이었다.

그렇게 해서 이름 붙여진 '브래디 플랜'은 실질적인 계획이라기보다는 개인적 의견 제시에 가까웠다. 브래디의 연설 자체가 (본격적인 실행에 앞서) 가능성을 타진해보려는 관료적 술책에서 나온 것이었기 때문이다. 실제로 채무탕감을 위한 실행 가능한 청사진을 만들 기술적 전문성을 지녔을 정부관리들은 전혀 가시적인 움직임을 보이지 않았다. 반대여론에 대한 우려가 컸기 때문이다. 그러나 이 계획은 유능한 멕시코인들에게 그들이 필요로 하던 활로를 열어주었다. 그들은 불과 2~3개월 만에 실현 가능한 계획 하나를 마련해냈고, 상당액의 미해결 채무를 훨씬 적은 액면가의 '브래디 채권'으로 대체하는 것으로 일을 해결했다.

멕시코가 브래디와 거래해서 얻은 전체적인 채무 경감액은 그리 많지 않았다. 그러나 심리적인 전환점을 마련해주었다. 오래 전부터 채무이행 거부를 선동해온 멕시코인들은 외국의 은행가들이 가혹한 요구를 포기하는 모습을 보고 진정되었고, 외채문제는 점차 국내 정치적 이슈로서의 중요성이 약화되었다.

한편, 혹시 발목을 잡힐까봐 자금 투입을 꺼리던 외국 투자자들은 멕시코와 브래디의 거래를 이제까지의 국면에 종지부를 찍은 것으로 보고 신규 자금을 투입할 태세를 갖추었다. 멕시코가 자금의 탈출을 막기 위해 올렸던 이자율도 급속히 떨어졌다. 더 이상 높은 이자를 지불하지 않아도 되면서 예산 적자 역시 빠르게 회복되었다. 브래디와의 거래가 성사된 지 1년도 안 돼 멕시코의 금융 상황은 확연히 다른 모습을 띠게 되었다.

살리나스의 마술은 외채위기 해결에서만 빛을 발한 것이 아니었다. 1990년 그는 미국 및 캐나다와 자유무역협정(FTA)을 맺자고 제안함으로써 세계를 놀라게 했다.(미국과 캐나다는 이미 자유무역협정을 맺은 상태였다) 사실 양적인 면에서 볼 때 북미자유무역협정(NAFTA)의 의미는 생각보다 대단한 게 아니었다. 미국 시장은 이미 멕시코 상품에 상당히 개방된 상태였고, 데라마드리드가 도입한 무역자유화는 이미 멕시코를 완전한 자유무역은 아니더라도 비슷한 방향으로 많이 움직여놓았기 때문이다.

NAFTA도 채무탕감 조치와 마찬가지로 심리적 전환점을 만들어내기 위한 행보였다. 외국 상품과 해외투자자들에 대한 멕시코의 개방 움직임을 국내적 발의에 그치는 것이 아니라 국제적 조약의 일부로 만듦으로써 살리나스는 이러한 움직임을 되돌릴 수 없는 것으로 못 박고자 했고, 이러한 사실을 시장에 확신시키고 싶어 했다. 아울러 멕시코의 개방이 상호관계적임을 보장받고, 미국 시장에 대한 접근권을 사실상 영원히 보장받기를 바랐다.

조지 H.W. 부시는 살리나스의 제안을 받아들였다. 부시로서는 거부할 이유가 없었다. 1982년 멕시코에 외채위기가 닥쳤을 때 많은 미국인들은 이 때문에 멕시코 정치가 극좌로 선회하지는 않을까 우려했다. 혼란의 와중에 반미세력-공산주의자들일 수도 있다-이 득세할 가능성 때문이었다. 그런데 대신 친미적이고 자유시장 지향적인 사람들이 기적적으로 정권을 잡았고, 과거의 장벽을 모조리 낮추자고 제안한 것이다. 고개를 젓는 일은 개혁을 향한 열정에 찬물을 끼얹는 것과 다름없었다. 이웃나라에 불안정과 적대심을 불러일으키는 것이나 마찬가지였다.

이러한 외교정책적 판단을 토대로 미국 외교관들은 NAFTA의 성공을 위해 열성적으로 움직였다. 나중에 살펴보겠지만 의회를 납득시키는 일이 쉽지만은 않았다. 하지만 초기의 열광 속에서 이런 문제는 채 모습을 드러내지 않았다.

멕시코에서 국영기업의 매각, 수입제한의 철폐, 외국 투자 유치 등의 개혁 조치들이 속속 진행됨에 따라 장밋빛 미래에 대한 기대는 더욱 높아졌다. 언젠가 다국적 기업의 임원들(해당 기업의 라틴아메리카 자회사 책임자)에게 강연할 기회가 있었다. 1993년 3월 멕시코의 칸쿤에서였다. 나는 그 자리에서 멕시코의 상황과 관련해 조심스럽게 마음속에 품어 두었던 우려사항을 피력했다. 개혁 결과가 조금은 실망스럽다는 증거를 제시하면서 말이다. 정중한 어투의 대답이 돌아왔다. "이 자리에서 이 나라에 대해 조금이라도 부정적인 말을 하는 분은 당신뿐입니다." 그 회의실에 있던 사람들과 같은 투자자들이 언행일치로 돈을 쏟아 부었던 것이다. 1993년 멕시코에는 300억 달러 이상의 외국 투자 자본이 유입됐다.

과거와 단절한 아르헨티나

제1차 세계대전 전만해도 유럽에선 "아르헨티나 사람처럼 부유하다"라는 표현이 흔히 쓰였다. 당시의 대중과 투자자들의 눈에 아르헨티나는 기회의 나라로 비쳤다. 아르헨티나는 호주와 캐나다, 미국 등과 마찬가지로 자원 부국이었고, 유럽의 이민과 자본이 몰리던 목적지였다. 유럽풍의 우아한 도시 부에노스아이레스는 영국이 자금을 대어 건설한 철도망의 중심지였다. 전 세계로 수출하는 대초원의 밀과 고기가 철도망을 통해 부에노스아이레스로 모여들었다. 무역과 투자를 통해 글로벌 경제와 연결되고 전신망을 통해 세계 자본시장과 연결되던 전쟁 전 그 시절 아르헨티나는 국제사회에서 확고한 입지를 지닌 구성원이었다.

물론 당시에도 아르헨티나는 가끔 화폐를 너무 많이 발행하는 바람에 외채 지불에 어려움을 겪곤 했다. 그러나 미국의 상황도 대동소이했다. 아르헨티나가 지금처럼 크게 뒤처지리라고 생각하는 사람은 거의 없었다.

두 차례 세계대전 사이의 기간 동안 아르헨티나는 여타의 자원 수출국들처럼 많은 어려움을 겪었다. 1920년대에도 낮았던 농산물 가격은

1930년대로 들어서면서 아예 폭락해버렸다. 설상가상으로 좋은 시절에 빌려 썼던 외채의 상환 기일이 닥쳐왔다. 아르헨티나는 호시절에 돈을 잔뜩 빌렸다가 떨어지는 농산물 가격과 고정된 채무상환금 사이에서 이러지도 저러지도 못하게 된 농부의 모습을 쏙 빼닮아갔다.

그럼에도 아르헨티나 정부가 대공황 시절에 어리석게 움직였던 것은 아니다. 그들은 무슨 수를 써서라도 화폐의 안정만큼은 고수하겠다고 나섰던 다른 선진국 정부들보다 덜 교조적이었다. 아르헨티나 경제는 페소화 평가절하, 자본유출 통제, 외채 상환 정지 등 일련의 조치들에 힘입어 1932년부터 강력한 회복세를 보여줬다. 1934년에 이르자 유럽인들은 다시 아르헨티나로 이민을 가기 시작했다. 일자리를 얻을 전망이 본국보다 밝다고 생각한 것이다.

그러나 대공황 시절에 택한 비정통적 정책의 성공은 시간이 흐를수록 파괴적인 것으로 드러나는 정부의 통치 습관을 굳히는 데 한몫했다. 외환에 대한 비상 통제 조치는 끔찍하게도 복잡한 일련의 규제가 되어 기업의 의욕을 꺾고 부패를 부채질했다. 일시적 수입 제한이 영구적 장벽으로 변모하면서 터무니없이 비효율적인 자국 기업들의 생존이나 돕는 꼴이 되었다. 국영기업들은 공공자금의 하수구였다. 수십만 명의 고용 창출 효과는 있었지만 꼭 필요한 서비스를 제공하는 데는 실패했다. 적자가 미친 듯이 늘어났고, 이것은 더욱 파괴적인 인플레이션 광풍으로 이어졌다.

1980년대의 상황은 한마디로 악화일로였다. 1982년 포클랜드 전쟁 패배 후 군사정권이 물러나고 라울 알폰신Raúl Alfonsín이 이끄는 민간정부가 경제 회생을 약속하며 들어섰다. 그러나 다른 남미 국가들과 마찬가지로 아르헨티나에도 외채위기가 몰아쳤다. 새로운 통화인 '아우스트랄'austral을 도입해서 물가를 안정시키려던 알폰신의 시도는 허망하게 끝나고 말았다. 1989년까지 아르헨티나는 연간 3,000퍼센트라는 살인적인 하이퍼인플레이션에 허덕였다.

1989년 대통령 선거의 승리자는 페론당 후보로 나온 카를로스 메넴Carlos Menem이었다. 페론당은 후안 페론이 세운 정당으로, 민족주의적이고 보호주의적인 정책으로 아르헨티나를 제3세계의 일원으로 만든 것 외에는 별다른 성과가 없었다.

그러나 메넴은 닉슨의 중국 방문에 버금가는 일대 경제적 전환을 준비하고 있었던 것으로 드러났다. 그는 재무장관에 도밍고 카바요Domingo Cavallo를 임명했다. 하버드에서 박사 학위를 받은 카바요는 멕시코의 페드로 아스페(Pedro Aspe, 이 나라를 금융위기로 이끈 시절에 재무장관을 지낸 인물)와 같은 해 졸업생이었다.

카바요는 멕시코의 것보다 훨씬 급진적인 개혁 플랜을 짰다. 계획에는 아르헨티나를 세계시장에 개방하는 내용도 포함되어 있었다. 특히 농산물 수출을 정부의 돈줄로 간주하는 파괴적 악습에 종지부를 찍는 일이 중요했다. 다른 산업 분야에 보조금을 주기 위해 농산물 수출에 과중한 세금을 매기고 있었던 것이다. 나아가, 거대하고 비효율적인 국유부문의 민영화도 급속도로 추진되었다. (멕시코의 경우와 달리 아르헨티나는 국영 석유회사까지 민영화했다.) 아르헨티나의 초기 정책들은 세계 최악이었다고 할 수 있기 때문에 이러한 개혁조치들이 커다란 성과를 거두었다.

카바요가 행한 가장 특징적 조치는 통화 개혁이었다. 아르헨티나의 인플레이션 역사에 종지부를 찍기 위해 그는 현대 세계에서 거의 잊혀져가고 있던 통화 제도를 부활시켰다. 바로 '통화위원회'(currency board)였다.

통화위원회는 과거 유럽 식민지 시절의 유물로, 한때는 상식으로 여겨지기도 했다. 당시 식민지 영토에서는 보통 독자적인 통화 발행이 허용되었다. 식민지 통화는 본국의 통화 가치에 엄격히 묶였고, 그 안정성은 법률로 보장되었다. 현지 통화 발행을 경화(hard currency, 국제 금융에서 환관리를 받지 않고 금 또는 각국의 통화와 늘 바꿀 수 있는 화폐-옮긴이) 보유고로 완벽하게 뒷받침할 것을 강제하는 법률이었다. 즉, 식민지 사람들은 현지 통화를 법률이 보장하는 고정 환율로 파운드나 프랑으로 바꿀 권리가 있었고, 현지 중앙은행은 모든 현지 통화를 바꾸어줄 수 있을 정도의 본국 통화를 확보할 의무가 있었다.

제2차 세계대전의 종전과 함께 식민지 시대가 종말을 고하고 적극적 의미의 경제관리론이 대두되면서 통화위원회는 역사의 뒤안길로 사라져갔다. 물론 1983년 홍콩 정부가 자국 통화에 대한 매도 주문이 쏟아지자 7.8홍콩달러를 1미국달러에 고정시키는 통화위원회 제도를 채택한 일도 있다. 그러나 홍콩이라는 나라 자체가 (역동적인 경제에도 불구하고) 식민지 시대의 잔재였고, 이러한 조치는 일각의 관심만을 끌었을 뿐이다.

하지만 신용 회복의 필요성이 몹시 절박했던 아르헨티나의 재무장관 카바요는 과거의 제도로 손을 뻗칠 수밖에 없었다. 아우스트랄은 새로운 페소 화폐로 대치되었다. 환율은 1페소당 1달러로 고정되었다. 통용되는 페소는 모두 달러 보유고의 뒷받침을 받았다. 수십 년의 남용 끝에 결국 아르헨티나는 누군가 달러를 페소로 바꾸겠다고 하지 않는 한 화폐를 발행할 수 없도록 법률로 스스로를 강제하기에 이르렀다.

결과는 놀라웠다. 인플레이션이 제로(0)에 가까울 정도로 떨어진 것이다. 또한 멕시코와 마찬가지로 아르헨티나도 브래디 정책을 놓고 협상을 벌였고, 규모의 차이는 있지만 자본 유입의 재개라는 보상을 받았다. 그러자 실물경제가 극적으로 깨어나기 시작했다. 불황의 시절이 지나자 GDP가 불과 3년 만에 25퍼센트나 증가한 것이다.

멕시코의 불운한 한 해

1993년 말 라틴아메리카의 지평선에 먹구름의 작은 징조라도 보였던가? 투자자들은 도취감에 빠져 있었다. 그들은 새로운 자유시장 지향 정책이 이 대륙을 기회의 땅으로 만들고 있다고 여겼다. 내가 칸쿤에서 만났던 사람들과 같은 외국 기업인들도 매우 낙관적이었다. 그들 역시 새로운 자유주의적 환경이 새로운 기회의 확대를 열고 있다고 보았다. 경제학자 몇 명만이 여기에 의문을 품었으나 심각한 정도는 아니었다.

멕시코와 아르헨티나에 공통으로 해당된 의문 한 가지는 환율의 적정성이었다. 두 나라 모두 통화를 안정시키고 인플레이션을 잡았다. 그러나 물가 오름세가 완만해졌다고 한들 안정된 환율을 감당하기에는 역부족이었다. 예를 들어, 아르헨티나가 페소화를 달러에 고정시킨 1991년 이후 2년 동안 소비자물가는 40퍼센트나 올랐다. 미국에서는 겨우 6퍼센트밖에 오르지 않았는데 말이다. 멕시코 역시 정도는 덜하지만 비슷한 상황이었다. 결국 이 두 나라의 상품은 세계시장에서 비싸질 수밖에 없었고, 경제학자들은 이들 나라의 통화가 과대평가되고 있는 것은 아닌가 하는 의문을 품기에 이르렀다.

관련된 문제가 또 하나 있었다. 바로 무역수지(더 정확하게는 경상계정수지다. 넓은 의미에서 말하면 서비스 및 이자거래 수지 등도 포함한다. 오늘날 무역수지는 주로 상품수지를 가리키는데, 여기서는 구분 없이 사용하겠다)에 대한 의문이었다. 1990년대 초반 멕시코의 수출 증가율은 다소 완만했는데, 페소화의 강세로 가격경쟁력을 상실했기 때문이었다. 반면, 같은 시기의 수입은 장벽 제거와 신용 급등에 힘입어 폭증세를 띠었다. 결과는 당연히 수출 대비 수입의 엄청난 초과로 나타났다. 1993년에 이르자 멕시코의 무역수지 적자는 GDP의 8퍼센트까지 차올랐다. 역사상 유례를 찾기 힘든 수치였다. 이것이 어떤 신호가 아니었을까?

멕시코 관리들과 많은 외부인들은 그렇지 않다고 주장했다. 그들의 주장은 경제학 교과서에 나오는 내용을 그대로 옮긴 것이었다. 회계 원리상 국제수지는 항상 균형을 이루기 마련인데, 즉 한 나라가 수입을 한 만큼 동일한 가치의 수출이 이뤄져 서로 상응해야만 한다는 얘기였다. (경제학도들은 이 말에 약간의 기술적 제한이 있다는 사실을 알고 있다. 무보수 이전 등의 항목이 있기 때문이다. 그러나 여기서 신경 쓸 사항은 아니다.) 만약 한 나라가 '경상수지' 적자를 내고 있다면, 즉 수출한 것보다 많은 상품을 수입하고 있다면 그것은 '자본수지'에서 이에 상응하는 액수의 흑자를 내고 있다는, 즉 사들이는 것보다 더 많은 자산을 팔고 있다는 이야기가 된다. 역으로 풀이해도 마찬가지다. 자본 계정에서 흑자를 내고 있는 나라는 경상 계정이 적자여야만 한다. 이 말은 결국 멕시코가 외자 유치에 성공했다는, 즉 외국인들이 멕시코의 자산을 구입하고 있는데 대한 반대급부로 무역적자를 내고 있다는 뜻이었다. 따라서 적자란 단순히 외국인들이 멕시코를 훌륭한 투자처로 생각하고 있다는 사실을 반증한다는 논리였다.

낙관주의자들은 이렇게 말했다. "자본유입이 혹시 인위적인 것은 아닌지, 즉 정부에서 돈 자체를 빌림으로써 자본을 외국으로부터 끌어들이고 있거나(1982년 이전에 그랬듯이), 혹은 국내 저축 부족을 야기하는 적자 예산을 운영하고 있는 것은 아닌지의 여부가 유일한 걱정거리일 뿐이다." 하지만 멕시코 정부의 예산은 균형이 잡혀 있었고 부채보다는 오히려 해외자산(외환보유고)을 실질적으로 쌓고 있는 상태였다. 걱정할 거리 자체가 없어 보였다. (외국의) 민간 부문이 멕시코에 자본을 투자하려 애쓰는 마당에 멕시코 정부가 나서서 막을 이유가 뭐란 말인가?

그러나 멕시코의 성과에는 여전히 불안한 측면이 있었다. 필요한 모든 개혁을 했고 자본이 쏟아져 들어오고 있는데 도대체 성장은 어디로 갔단 말인가?

1981년에서 1989년 사이에 멕시코 경제는 연평균 1.3퍼센트밖에 성장하지 못했다. 이는 인구증가율에 한참 못 미치는 수치였다. 1인당 국민소득은 1981년 정점의 한참 아래에서 맴돌았다. 그나마 1990년에서 1994년까지 이른바 '멕시코의 기적' 기간 동안은 사정이 좀 나았다. 경제가 연 2.8퍼센트의 성장을 보인 것이다. 그러나 이 수치도 인구증가율을 간신히 웃도는 수준이었다. 1994년의 멕시코는 자체 통계로도 1981년 수준에 한참 모자라는 상황이었다. 대체 무엇이 기적이란 말인가? 그 많은 개혁과 외국인 투자에 의당 뒤따라야 할 이득은 다 어디로 간 것일까?

1993년, 오랫동안 멕시코 경제를 지켜봐온 MIT의 경제학자 루디거 돈부시Rudiger Dornbusch가 신랄한 분석을 내놓았다. (페드로 아스페를 비롯해 당시 멕시코를 움직이고 있던 많은 경제학자들이 그의 제자였다.) 그가 발표한 논문의 제목은 「멕시코의 안정과 개혁, 그리고 무성장」(Mexico: Stabilization, Reform, and No Growth)이었다.

멕시코의 불안한 성과를 변호하는 측은 이런 수치들이 멕시코 경제의 진정한 발전을 제대로 드러내지 못하고 있다고 주장했다. 그들은 특히 비효율적이고 내수지향적인 산업 기반이 고도의 경쟁력을 갖춘 수출지향형 토대로 바뀌었다는 점을 강조했다. 그러나 불안감은 여전했다. 거대한 액수로 유입된 자본이 수치로 환산 가능한 결과를 제대로 낳고 있지 못하다는 점이 문제였다. 무엇이 잘못되고 있었던 것일까?

돈부시를 위시한 몇몇 전문가들은 페소화의 가치에 문제가 있다고 주장했다. 즉 지나치게 강한 통화 때문에 멕시코 상품이 세계시장에서 밀려나고 있으며, 성장 잠재력이 제대로 발휘되지 못하고 있다는 것이었다. 따라서 멕시코가 해야 할 일은 페소화의 평가절하며, 그래야 경제가 다시 움직일 수 있다는 얘기였다. 1992년의 영국이 좋은 예였다. 금융시장-그리고 특히 조지 소로스(제6장 참고)-의 힘에 밀려 영국은 파운드화의 가치를 어쩔 수 없이 낮추어야 했는데, 그 결과 (놀랍게도) 불황에서 호황으로의 전환이 일어났다. 멕시코에도 같은 처방이 필요하다는 주장이 일각에서 일었다. (아르헨티나에서도 비슷한 주장이 제기되었다. 아르헨티나는 멕시코보다 빠르게 성장하고 있었지만 높은 실업률이라는 완강한 벽에 부딪힌 상태였다.)

멕시코인들은 이런 이야기를 무시했다. 대신 투자자들에게 경제 개혁이 정상적으로 진행 중이라는 확신을 주기 위해 애썼다. 페소화를 평가절하할 이유는 없으며, 그렇게 할 생각도 없다고 말했다. 당시 NAFTA가 미국 의회에서 완강한 반대에 부딪혀 비준 여부가 불투명했던 터라 이런 허세라도 부려야 할 형편이었다.

이에 앞서 로스 페로(Ross Perot, IT기업인 EDS를 설립한 재벌로 1992년과 1996년 대통령 선거에 출마하기도 했다-옮긴이)가 잊지 못할 경고를 한 적이 있었다. (만약 FTA 체결이 불발로 끝나면) 일자리가 모조리 남쪽으로 옮겨가게 될 것이고, 그러면 미국은 '엄청난 한탄의 소리'를 듣게 될 거라는 경고였다.

이보다 더 정중한 목소리들이 NAFTA 체결의 타당성을 강조하는 듣기 좋은 주장들을 쏟아냈다. 전임 행정부로부터 NAFTA 건을 물려받은 클린턴 행정부는 1993년 장애물을 걷어내기 위해 엄청난 노력을 기울인 다음에야 비준을 받아낼 수 있었다. 막바지에 극적으로 타결된, 어렵사리 얻어낸 성과였다.

1994년이 되자 멕시코에서 몇 가지 중요한 일들이 뒤틀리기 시작했다. 먼저 1994년 새해 첫날부터 치아파스 주에서 농민봉기가 일어났다. 치아파스는 가난한 시골로 경제적으로나 정치적으로 멕시코의 많은 부분을 휩쓸고 있던 변화가 비켜간 지역이었다. 다행히 정부의 안정성이 흔들릴 정도는 아니었지만 오랜 부패와 악행, 그리고 농촌을 짓누르는 가난이 여전히 멕시코의 실제 모습임을 상기시키는 사건이 아닐 수 없었다.

더 심각한 일은 3월에 발생한 도날도 콜로시오**Donaldo Colosio**의 암살 사건이었다. 살리나스가 지명한 후계자였던 콜로시오는 드물게도 개혁가와 카리스마적 인기 정치인의 이미지를 모두 갖춘 뛰어난 인물이었다. 그는 개혁의 길에 정통성을 부여할 수 있는 유일한 인물로 간주되고 있었다. 콜로시오의 암살은 이 나라가 정말로 필요로 하는 지도자가 사라졌다는 것, 그리고 어둠의 세력(부패한 정치 보스? 마약왕들?)이 강력한 개혁가가 권좌에 오르는 일을 원치 않는다는 것을 의미했다.

그를 대신해 지명된 후보자 에르네스토 세디요Ernesto Zedillo는 미국에서 교육받은 경제학자로 정직성이나 지성에는 의문의 여지가 없었으나, 과연 저 어두운 세력들의 협박을 물리칠 수 있는 정치적 용기를 지녔는지가 분명하지 않았다.

선거전이 시작됐다. PRI는 대중의 환심을 사려고 노력했다. 흥청망청 잔치가 베풀어졌고, 그 과정에서 발행된 페소화가 달러로 바뀌어 유출되면서 외환보유고의 감소로 이어졌다.

결국 세디요가 선거에서 이겼다. 완승이었다. 유권자들에게 카르데나스의 인기영합 정책이 금융위기를 불러올 것이라고 납득시킨 결과였다. (내 멕시코 친구 한 명이 내게 설명했듯이) PRI는 유권자들에게 만약 세디요에게 투표하지 않으면 "옛날에 벌어졌던 일이 또다시 일어날 것"임을 납득시켰다. 그러나 세디요의 승리에도 불구하고 위기는 어쨌든 다시 찾아왔다.

테킬라 위기

1994년 12월, 외환보유고의 꾸준한 유출에 직면한 멕시코 당국은 뭔가 조치를 취해야만 했다. 먼저 이자율을 올려 손실을 막는 방법이 있었다. 이자율을 올리면 멕시코 국민들로서는 페소화를 그대로 갖고 있는 편이 더 나을 것이었고, 외국 자금도 끌어들일 수 있을 터였다. 그러나 이자율 상승은 기업의 활동과 소비에 악영향을 미친다는 문제가 있었다. 게다가 몇 년 간의 저성장 끝에 멕시코는 이미 불황의 문턱에 와 있는 형편이었다.

또 하나의 선택은 페소화의 (달러 대비) 평가절하였다. 16개월 전 영국에서 거둔 효과를 그들도 얻을 수 있으리라는 희망이 있었다. 다시 말해서 평가절하가 최상의 시나리오로 진행되기만 하면 멕시코의 수출 경쟁력을 회복할 수 있을 뿐 아니라 외국 투자자들에게 멕시코의 자산이 가치가 높다는 인식까지 심어줄 수 있었다. 그러면 이자율도 함께 떨어질 터였다.

멕시코는 평가절하를 선택했다. 그러나 서투르게 일을 수행했다.

한 나라가 통화 평가절하를 하면 보통 투기꾼들은 이제 끝났다고 생각해 그 통화의 지속적 하락에 대한 베팅을 중단한다. 1992년 영국과 스웨덴에서 일어난 일이 바로 그것이었다. 다만 투기꾼들이 처음의 평가절하를 뒤이을 평가절하의 신호탄으로 보고 더 심한 투기를 할 위험성도 있다. 이런 사태를 피하려는 정부는 다음 몇 가지 원칙을 지켜야만 한다.

첫째, 평가절하를 하려면 충분한 수준으로 해야만 한다. 그렇지 않으면 또 평가절하가 있을 것이라는 기대치만 올리는 셈이 된다. 둘째, 평가절하에 이어 곧바로 모든 것이 제대로 통제되고 있다는 것, 자신들이 투자자들을 정당하게 대우하려는 의도를 지닌 책임감 있는 정부라는 사실을 가능한 모든 채널을 동원해 알려야 한다. 그렇지 않으면 평가절하는 그 나라 경제의 건전성에 대한 의심을 현실화시켜 공황을 야기할 수도 있다.

멕시코는 이 두 가지 원칙을 모조리 깨뜨렸다. 첫 번째 평가절하는 돈부시 같은 경제학자들이 제안한 수준의 절반에 불과한 15퍼센트에 그쳤고, 정부관리들의 행동은 신뢰를 주지 못했다. 신임 재무장관 하이메 세라 푸셰Jaime Serra Puche는 해외 채권자들의 의견을 무시하는 등 오만한 태도만 보였다. 하지만 이것이 전부가 아니었다. 멕시코 정부는 평가절하에 앞서 몇몇 멕시코 기업인들에게 자문을 구했는데, 이 과정에서 외국 투자자들에겐 비밀로 했던 내부정보가 흘러들어간 사실이 드러났다. 이제 대규모 자본 유출은 피할 수 없는 일이 되었다. 얼마 안 가 멕시코 정부는 고정환율제를 포기해야만 했다.

세라 푸셰 장관은 바로 교체됐다. 멕시코 정부는 올바른 종류의 소음을 내기 시작했다. 이것을 보고 혹자는 1985년 이래로 계속되어온 개혁이 뭔가 결과를 내겠다고 기대했을 수도 있다. 그러나 전혀 그렇지 않았다. 외국 투자자들은 충격―말 그대로 충격!―을 받았다. 멕시코가 더 이상 모범적이 아님을 확인한 외국 투자자들은 어떤 대가를 치르더라도 최대한 빨리 이 나라를 뜨려고 했다. 페소화의 가치는 곧 위기 이전의 절반 수준으로 떨어졌다.

가장 심각한 문제는 정부 자체의 예산이었다. 한 나라의 금융 신뢰도가 떨어지면 해당 정부는 장기채권을 파는 일에 어려움을 겪게 되고, 그러면 재설정 기일이 짧은 '롤오버 신용'(roll-over credit, 차관이 일정기간 내에 자동연장되는 신용) 즉 단기부채를 잔뜩 떠안는 결과로 이어지게 마련이다. 멕시코도 예외가 아니었다. 채무에 대한 높은 이자가 1980년대 재정문제의 주요 원인 가운데 하나였음은 주지의 사실이다. 또한 (앞서 살펴보았듯이) 1989년 브래디 정책의 가장 큰 혜택 가운데 하나가 투자자들에게 신뢰를 심어줌으로써 멕시코 정부가 단기부채를 훨씬 낮은 이율로 롤오버할 수 있게 해준 것이었다. 이제 이러한 이득이 모두 사라졌음은 물론, 더 나아가 1995년 3월이 되자 멕시코는 투자자들에게 75퍼센트의 이자를 지불해야 하는 지경이 되었다.

사정은 더욱 악화되기만 했다. 멕시코는 이전에 이미 평가절하를 하지 않을 것임을 시장에 담보하기 위한 노력의 일환으로 수십억 달러의 단기부채를 이른바 '테소보노스'(tesobonos, 달러 연동 채무)로 전환시켜 놓은 바 있었다. 결국 페소화가 폭락하면서 달러에 연동된 이 채무의 규모는 폭발적으로 늘어났다. 테소보노스 문제가 널리 알려지자 공황에 대한 공포는 커져만 갔다.

정부의 재정위기는 곧 민간 부문으로 퍼져나갔다. 1995년 멕시코의 실질 GDP는 7퍼센트 감소했다. 산업생산은 15퍼센트나 떨어졌다. 미국이 1930년대 이래 겪은 어떤 것보다 훨씬 심한 경기후퇴였고, 멕시코가 1982년 채무위기 당시 겪은 것보다 더 심한 불황이었다. 수천 개의 기업이 파산했고 수십만 명의 노동자가 일자리를 잃었다.

핵심문제는 왜 금융위기가 실물경제에 이렇듯 엄청난 영향을 미쳤는가, 그리고 왜 멕시코 정부는 베이비시팅 조합의 경우처럼 불황을 예방하는 조치를 취할 수 없었는가 하는 것이다. 그러나 여기에 대한 논의는 잠시 미루고 몇 가지 위기를 더 살펴보기로 하자.

테킬라 위기는 멕시코에만 국한되어 끝나지 않았다. 다른 세계로, 특히 여타의 남미 국가들로 퍼져나갔다. 아르헨티나가 유독 심각했다.

정말 불쾌할 정도로 놀라운 일이었다. 아르헨티나와 멕시코는 각각 라틴아메리카의 북쪽 끝과 남쪽 끝에 위치하고 있기 때문에 직접적인 무역이나 금융상의 연계가 별로 없었다. 더욱이 통화위원회 제도를 두고 있는 아르헨티나는 자국 페소화의 신용도를 안전하게 지킬 것으로 여겨졌다. 그런데 어쩌다 아르헨티나가 멕시코의 위기에 발목을 잡힌 것일까?

아마도 양키 투자자들의 눈에는 남미의 모든 나라들이 다 비슷해 보였기 때문이었을 것이다. 어쨌든, 일단 아르헨티나 페소화에 대한 투매가 시작되자 아르헨티나 정부의 희망과는 달리 통화위원회가 제 역할을 할 수 없다는 사실이 분명해졌다. 물론 통용되는 페소는 달러 보유고의 뒷받침을 받고 있었기 때문에 기술적으로 볼 때 항상 페소화의 가치를 지킬 수 있었다. 그러나 대중이 이성적으로든 비이성적으로든 대량의 페소화를 달러로 바꾸려 한다면 어떻게 될까? 순식간에 은행이 파산 일보 직전으로 몰리면서 나라의 경제도 함께 나락의 가장자리에 서게 될 것인데, 이것은 나중에 사실로 확인되었다.

일이 진행된 과정을 함께 살펴보자. 자, 뉴욕에 한 대부 관계자가 있다고 치자. 그는 멕시코에서 새로운 소식이 들려올 때마다 신경이 곤두선다. 그러다 결국 남미 전체에 대한 투자를 줄이는 편이 낫다는 판단을 하게 된다. 로널드 레이건의 말처럼 "저들이 모두 서로 다른 나라들"임을 상사에게 설명하고 현재 상태를 유지할까 하는 생각도 들었지만 곧 다시 그럴 가치가 없다고 마음먹는다. 만에 하나 잘못되는 날에는 자기가 모든 덤터기를 쓰게 될 테니까 말이다. 그래서 그는 아르헨티나의 고객에게 전화를 걸어 신용한도(대출한도)를 갱신해주지 않을 생각이니 아직 상환하지 않은 잔액을 갚으라고 요청한다. 그러면 이 고객은 자신의 계좌가 개설돼 있는 아르헨티나 은행에서 필요한 액수를 페소로 인출한 다음에 이것을 다시 달러로 바꾼다. 중앙은행은 충분한 액수의 달러를 보유하고 있으므로 환전에는 아무런 문제가 없다. 그러나 해당 아르헨티나 은행은 현금보유고를 보충해야만 한다. 따라서 어떤 아르헨티나 기업인에게 대출해준 돈을 회수하기로 한다.

바로 여기서 문제가 시작된다. 이 기업인은 대출을 갚기 위해 페소를 확보해야만 한다. 이 돈은 아마도 다른 아르헨티나 은행의 계좌에서 인출될 것이다. 그리고 이것은 또 다른 대출의 회수를 불러온다. 갈수록 더 많은 은행들이 자금 회수에 나서면서 신용(대출)은 점점 더 축소된다. 달리 말해, 처음에 해외에서 발행한 대출액의 감소가 아르헨티나 내부에서 중첩의 효과를 발휘하는 것이다. 뉴욕에서의 1달러 신용 축소가 부에노스아이레스에서는 몇 페소의 대출 회수로 이어진다는 뜻이다.

신용(대출)이 축소됨에 따라 아르헨티나의 기업 환경은 불안해지기 시작한다. 기업들은 단기 대출을 상환하는 데 어려움을 겪는다. 거래처들 역시 재정적 압박을 받고 있는 터라 자금 유동성은 계속 악화된다. 예금주들은 은행이 기업에 빌려준 돈을 과연 회수할 수 있을지 의심을 품다가 마침내 돈을 인출하기 시작한다. 만약의 경우를 대비해서 말이다. 이것이 다시 신용경색으로 이어진다. 그렇게 1930~31년 미국 경제를 초토화시켰던 신용위기와 은행파산의 악순환이 시작되는 것이다.

물론 현대 국가들은 이러한 경우에 대한 대비책을 갖고 있다. 먼저 정부가 예금을 보장한다. 따라서 예금주들은 은행의 지급능력에 대해 걱정할 필요가 없다. 그리고 중앙은행이 '최후의 보루'로서 대기하고 있다. 은행들이 예금주의 요구에 맞추느라 우왕좌왕하거나 절박한 방법을 쓰지 않아도 되도록 현금을 지원할 준비를 하고 있는 것이다. 따라서 아르헨티나는 이러한 상황이 싹트자마자 그 싹을 잘라냈어야만 했다.

그런데 말처럼 쉽지가 않았다. 아르헨티나의 예금주들은 자신들의 페소화가 안전하다는 것은 믿었지만, 달러 대비 가치를 그대로 유지할 수 있을지는 확신을 못했다. 그래서 그들은 페소를 달러로 바꾸어두고자 했다. 만일의 경우를 대비해서 말이다. 한편, 중앙은행도 최후의 지원군 역할을 수행할 수가 없었다. 달러와 바꾸기 위한 경우를 제외하고는 새로운 화폐를 발행하는 일이 금지되어 있었기 때문이다. 신뢰의 위기를 막기 위해 마련했던 규칙이 다른 위기 앞에서는 너무나 큰 취약성을 드러냈던 것이다.

1995년 초, 멕시코와 아르헨티나의 도취감은 순식간에 공포로 변했다. 두 나라의 개혁 실험은 이렇게 모두 참담한 붕괴로 끝나는 것 같았다.

위대한 구제 프로그램

라틴아메리카는 당장 달러를 필요로 했다. 달러가 있어야 멕시코는 만기가 돌아온 테소보노스를 갚고, 아르헨티나는 페소화를 찍어 은행에 빌려줄 수 있을 터였다.

멕시코에 대한 구제 프로그램이 규모도 더 크고 시급했으며 정치적으로도 어려운 과정을 밟아야 했다. IMF와 같은 국제기관들도 상당액을 담당했다. 하지만 유럽과 일본은 멕시코 구제를 주로 미국의 문제로 보았고, 따라서 사실상 미국 혼자서 막대한 금액을 감당해야 할 판이었지만, 미국에는 구제 자체를 반대하는 정치세력들이 강력하게 버티고 있었다. NAFTA에 맹렬히 반대하는 그들은 멕시코 위기를 자신들의 주장을 입증하는 실례로 여겼고, 미국 국민들의 세금이 멕시코인과 그들에게 돈을 빌려준 은행들에 낙하산으로 제공되는 것을 원치 않았다. 한편, 보수파들은 정부가 개입해 시장을 뒷받침한다는 생각 자체를 못마땅해 했다. 특히 IMF의 역할을 마땅치 않게 여겼는데, 그들 눈에는 이 국제기관이 '세계정부'를 지향하는 한 단계로 비쳤기 때문이다. 미국 의회가 멕시코 구제 자금 제공을 승인하지 않으리라는 점이 곧 확실해졌다.

다행히 미국 재무부는 자체 재량권을 지닌 외환안정기금을 보유하고 있었다. 외환시장에 대한 긴급 개입이 필요할 때를 대비해 비축해놓은 돈 항아리였다. 이 기금을 만들 때의 입법 취지는 당연히 달러 가치의 안정을 위해 쓰겠다는 것이었지만, 그 내용을 명문화해놓지는 않았고, 결국 미 재무부는 놀라운 창의력을 발휘해 이 돈을 페소화의 안정에 사용했다. 그리하여 외환안정기금과 여타의 재원으로 긴급히 조성한 500억 달러라는 거액을 멕시코에 대출지원금으로 제공했다. 극도의 긴장감 속에 몇 달이 흘렀다. 멕시코의 금융 상황은 안정을 보이기 시작했다.

아르헨티나에 대한 구제는 세계은행을 통해 이루어졌다. 세계은행은 아르헨티나 은행들을 지원하는 일에 120억 달러를 쏟아 부었다.

하지만 멕시코와 아르헨티나에 대한 구제금융이 심각한 경제적 위축까지 막아낸 것은 아니었다. 사실 상황은 1980년대 채무위기 당시의 첫해보다 더 나쁜 정도로 악화되었다. 투자자들이 안정을 되찾은 시점은 1995년 말부터였다. 남미 국가들이 붕괴하지는 않을 것 같다는 믿음이 되살아난 것이다. 이자율이 내려가고 소비가 살아났다. 멕시코와 아르헨티나 모두 급속한 회복세를 보였다. 수천 개의 기업과 수백만 명의 노동자들에게 이번 위기는 정말 참혹했다. 그러나 대부분의 사람들이 우려하거나 예측했던 것보다는 빨리 끝났다.

엉뚱한 교훈을 배우다

테킬라 위기가 끝나고 2년이 지나자 모든 것이 정상을 되찾은 듯 보였다. 멕시코와 아르헨티나 모두 호황이었고, 한때 신경과민이었던 투자자들도 성과를 내고 있었다. 그런데 엉뚱하게도 경고로 인식됐어야 했을 것들이 만족의 원천이 되고 말았다. 라틴아메리카의 위기에서 명확한 교훈을 이끌어낸 사람도 거의 없었다. 테킬라 위기 이후의 일반적 통념을 간단히 정리해보면 다음과 같다.

먼저, 테킬라 위기는 세계가 일반적으로 돌아가는 방식과 무관한 일이었다는 것이다. 멕시코였기 때문에 일어난 일이었다. 멕시코의 정책 오류들이 위기의 원인이었다. 대표적 실수는 △통화가치 과대평가를 허용한 일 △페소화에 대한 투기가 일어났을 때 신용을 축소하지 않고 확대한 일 △평가절하를 서투르게 진행해 투자자들을 낙담시킨 일 등이었다. 뒤이어 따라온 불황의 깊이는 독특한 술수가 통하는 멕시코 특유의 정치적 경제와 관계가 깊었다. 여전한 숙제인 포퓰리즘과 반미주의의 유산도 한몫했고 말이다. 이 불황을 두고 1988년 대선에서의 도둑질에 대한 벌이라고 말하는 사람까지 있었다.

간단히 말해, 대부분의 사람들은 멕시코 문제가 전혀 다른 세계의 일이라고 생각했다. 물론 멕시코의 위기는 라틴아메리카 전체를 뒤흔들었다. 그러나 세계인들은 금융 붕괴 직전까지 치달은 아르헨티나의 상황에 크게 주목하지 않았다. 아마도 금세 강력한 회복세를 보였기 때문이었을 것이다. 그리고 거시경제적 포퓰리즘을 경험한 역사 없이 잘 운영되고 있는 경제국-예컨대 아시아의 기적을 일으키고 있는 나라들-에서 테킬라 위기가 반복되는 일은 결코 없으리라는 확신도 있었다.

사람들이 테킬라 위기 이후에 갖게 된 또 다른 생각은 멕시코가 아니라 워싱턴, 즉 IMF 및 미국 재무부와 관련이 있었다. 심각한 금융위기마저도 통제할 수 있는 자원과 지식을 워싱턴이 갖고 있다는 시각이었다. 멕시코를 위한 거액의 원조가 신속히 이뤄졌고, 그 목적을 달성했다. 1980년대에 7년 간 지속되었던 경기후퇴와 달리 테킬라 위기는 1년 반 만에 끝났다. 책임을 맡은 사람들도 이런 유의 일에 더 능숙해졌음이 분명한 것 같았다.

그러나 테킬라 위기 발발 후 14년이 지난 지금, 미국을 비롯한 세계의 많은 국가들이 1994~95년의 사건(테킬라 위기를 뜻함-옮긴이)과 너무나도 흡사한 금융위기를 겪기 시작했다. 우리가 라틴아메리카에서 엉뚱한 교훈을 배웠음이 명백해졌다.

되짚어보아야 했던 것은 많은 회의에서 기예르모 칼보Guillermo Calvo가 제기한 의문이었다. 세계은행에 있다가 메릴랜드 대학교로 옮긴 경제학자인 그는 이런 질문을 던지곤 했다. "어떻게 이처럼 사소한 범죄에 이렇듯 큰 처벌이 내려졌던 것일까?" 테킬라 위기가 지나간 직후, 멕시코가 위기로 치달으면서 취한 정책들을 재검토하고 이것들이 오류 투성이였음을 밝혀내는 것은 너무나도 쉬운 일이었다. 그러나 명심해야 할 점은 당시에는 이 정책들이 매우 훌륭한 것으로 보였다는 사실이다. 더구나 1995년의 경제적 재앙을 정당화하기에 충분할 정도의 큰 실수는 찾기 어려웠다는 것이다.

우리는 칼보가 제기한 의문－사소한 정책 실수를 엄청난 경제적 재앙으로 전환하는 메커니즘이 존재한다는 암시－을 흘려듣지 말았어야 했다. 시장이 멕시코의 상황을 오해하게 만든 일련의 단순한 실책들, 그러니까 자기실현적 공황의 과정을 촉발시킨 간단한 몇몇 실책을 제외하면 사실 그렇게 중대한 실수는 없었다던 일부 논평자들의 주장을 좀 더 면밀히 살펴봤어야만 했다. 또한 멕시코에서 발생한 일이 다른 곳에서도 일어날 수 있음을 깨달았어야 했다. 즉 하나의 경제가 거둔 외견상의 성공, 그리고 그 관리자들에 대한 시장과 언론의 경탄이 해당 경제가 갑작스러운 금융위기 따위는 겪지 않을 것임을 보장해주지는 못한다는 사실을 깨달았어야 했다.

돌이켜보건대 우리가 워싱턴을, 즉 IMF와 미 재무부를 너무 깊이 신뢰했다는 점도 문제였다. 그들이 용기 있고 단호하게 행동한 것은 사실이다. 그리고 결과가 그들의 능력을 입증한 것도 사실이다. 그러나 면밀히 살펴보면 기본적으로 임기응변의 일회성 조치였음을 알 수 있다.

예를 들어 보자. 구제 자금은 합법적 술수나 다름없는 방법을 통해 모아졌고, 이것이 정당화된 이유는 미국과 멕시코의 특별한 이해관계 때문이었다. 따라서 다음에 또 위기가 닥쳤을 때도 자금이 이번처럼 빠르고 쉽게 동원되리라고 장담하기는 힘들었다. 게다가 멕시코 구제는 멕시코 정부의 협력 덕분에 복잡하게 진행되지 않았다. 세디요가 이끄는 국민들은 굳이 내버려야 할 자존심 같은 게 없었으므로 (멕시코의 역사가 자랑스럽지 않다는 뜻이 아니다!) 워싱턴의 의견을 전적으로 수용해 그들이 원하는 필요한 일을 했다. 하지만 나름대로 강자의 입장에서 협상하는 데 익숙한 아시아의 국가들, 그리고 자기 방식대로 일을 처리하는 데 익숙한 아시아의 지도자들을 대하는 일은 전혀 다를 터였다.

무엇보다 우리는 단순히 멕시코와 워싱턴의 운이 좋았기 때문이었을 수도 있다는 생각을 전혀 하지 못했다. 당시의 구제책은 위기의 본질을 해결하기 위해 충분히 고려해 마련한 계획이 아니었다. 그저 괴로움을 겪고 있는 정부에 현금을 주입하는 일종의 응급 주사였을 뿐이다. 물론 멕시코 정부는 고통스런 정책들을 채택함으로써 나름의 역할을 수행했다. 하지만 그것은 해당 정책들이 경제 문제들과 명백히 관련된다고 판단했기 때문이라기보다는 정부의 진지한 태도가 시장의 신뢰를 회복시킬지도 모른다는 기대에서 나온 행동이었다.

정책들은 어쨌든 성공을 거두었다. 그렇지만 경제가 심각한 타격을 받고 난 후에야 거둔 성공이었다. 결국 이런 정책들이 다음에도 효과를 거두리라고 단정할 근거는 전혀 없었던 셈이다.

몇 년 후 아시아에서 새로운 유형의 테킬라 위기가 일어날 가능성을 점치거나, 실제로 위기가 닥칠 경우 멕시코식 구제책이 무용지물이 될 가능성을 고려해 대비하는 사람은 아무도 없었다.(심지어 당시보다 훨씬 준비가 덜 된 상태에서 2008년 글로벌 금융위기를 맞이했으니…!) 우리는 아시아 최대의 경제 대국이 이미 심각한 어려움을 겪고 있다는-그리고 자국의 문제를 처리함에 있어 놀랄 정도로 서투르다는-사실조차 알아차리지 못한 눈뜬장님이었다.

Chapter 03

일본의 함정

미국인들이 일본에 홀려 있던 시절이 있었다. 그리 오래 전 얘기가 아니다. 당시 일본의 산업적 성공은 존경과 동시에 공포를 자아냈다. 공항의 서점에 가면 떠오르는 태양과 사무라이를 그린 표지의 책들이 잔뜩 진열되어 있었다. 일본식 경영 비법을 가르쳐주겠다고 약속하는 책들이 있는가 하면 경제전쟁을 예견하는-또는 요구하는-책들도 있었다. 역할모델이든 악마의 모습이든, 혹은 그 둘 다의 모습이든 일본인들은 미국인들의 머릿속에 깊이 자리 잡고 있었다.

그러나 지금은 모두 사라지고 없다. 이따금 일본 소식이 헤드라인을 장식하기는 하지만 대개 니케이 지수 폭락이나 '엔 캐리 트레이드'(yen carry trade, 일본의 낮은 금리를 활용해 엔화를 빌려 제3국에 투자하는 금융거래)의 붕괴 등 나쁜 뉴스인 경우가 많다. 이제 우리 대부분은 일본에 관심을 잃었다. 생각했던 만큼 강하지 않은 것으로 드러났으니 무시해도 된다는 것이 대중의 결론인 듯하다.

그러나 이는 어리석은 생각이다. 일본의 실패는 그 성공만큼이나 우리에게 의미심장한 일이다. 일본에서 일어난 일은 비극인 동시에 하나의 징조라는 점을 잊어서는 안 된다. 세계 제2위의 일본 경제는 여전히 높은 교육 수준과 성실성을 자랑하는 노동력, 현대식 주식 자본, 그리고 강력한 기술 노하우라는 장점을 지니고 있다. 안정된 일본 정부는 세금을 거두는 데 전혀 어려움을 느끼지 않는다. 또 남미나 여타 소규모 아시아 국가들과는 달리 채권국이며, 따라서 외국 투자자들의 선의에 의존하지도 않는다. 더욱이 국내 생산품 대부분을 자국 시장에서 소화할 수 있는 엄청난 경제 규모 덕분에 일본은 -미국과 마찬가지로- 경제 규모가 작은 나라로서는 누릴 수 없는 행동의 자유를 향유한다.

그러나 일본은 1990년대 대부분을 불황 속에서 보냈다. 매번 더 깊은 침체와 짧고 불충분한 회복이 교차했다. 한때는 선진 세계의 으뜸 성장률을 자랑하던 일본이었지만 1998년의 생산량은 1991년보다도 못했다.

실적보다 나쁜 것은 숙명론과 무력감이었다. 일본의 대중은 경제관료들에 대한 믿음을 잃었으며, 관료들 역시 어떻게 손쓸 도리가 없다고 생각하는 것 같았다. 일본과 같은 거대 경제가 10년씩이나 계속되는 불황에 빠질 필요도 없었고, 또 그래야 할 이유도 없는데 상황이 반대로 돌아가니 비극이 아닐 수 없었다. 일본의 재난이 다른 아시아 국가들의 경우에 비해 혹독하지는 않았지만 너무 오래 지속되었고, 뚜렷한 개연성도 없었다. 불길한 징조였다. 일본에서 일어난 일이라면 미국에서도 일어날 수 있었다. 아니나 다를까, 실제로 일어나지 않았는가.

그런데 일본은 도대체 어쩌다 그리 된 것이었을까?

일등 일본

일본이 1953년부터 1973년까지 이룩한 고성장만큼 놀라운 경제 변화를 경험한 나라는 일찍이 없었다. 스탈린이 5개년계획을 추진하던 시절의 구소련도 여기에는 못 미친다. 불과 20년 만에 주로 농업에 의존하던 국가가 세계 최대의 철강 및 자동차 수출국이 되었고, 수도인 도쿄는 세계 최대의 도시 중 하나로 변모했으며, 국민들의 생활수준은 실로 눈부신 비약을 이루었다.

이에 구미 사람들이 주목하기 시작했다. 일찍이 1969년, 미국의 미래학자 허먼 칸Herman Kahn은 『초강대국 일본의 등장』(*The Emerging Japanese Superstate*)이란 책을 발표하며, 놀라운 성장률을 볼 때 2000년 무렵이면 일본이 세계 경제의 선두주자가 될 것이라고 예견했다. 하지만 대중이 일본의 엄청난 발전에 본격적으로 관심을 보이기 시작한 시점은 1970년대 후반이었다. 에즈라 보겔Ezra Vogel이 쓴 『일등 일본』(*Japan as Number One*)이 베스트셀러가 될 무렵이었다. 자동차와 전자제품 같이 잘 만들어진 일본 상품들이 구미 각국의 시장에 흘러넘치기 시작하자 사람들은 일본의 성공 비결을 궁금해하기 시작했다.

그런데 사람들의 이러한 반응은 일종의 아이러니였다. 일본 경제가 영웅적 성장을 거의 멈춘 무렵부터 구미인들은 일본이란 존재를 심각하게 받아들였고, 일본에 관해 활발히 논의하기 시작했으니 말이다. 1970년대 초반에 선진국 경제는 지금도 불분명한 몇 가지 원인으로 인해 성장이 둔화됐다. 최고 성장률을 보이던 일본 역시 큰 폭의 성장률 감소를 경험했다. 1960년대 연 9퍼센트의 성장률이 1973년부터 4퍼센트 미만으로 떨어졌다. 다른 선진국들에 비해서는 여전히 높은 성장률이었지만(미국의 1.5배 수준), 이 비율대로라면 일본이 세계 경제의 선두주자로 나서는 일은 21세기 이후로 미루어질 수밖에 없었다. 그럼에도 여전히 일본의 성장은 다른 나라들의 선망의 대상이었다. 일본이 경제 운용의 더 나은 방법을 찾아냈기 때문이라느니, 그 성공이 부분적으로는 구미 각국의 순진한 경쟁자들 덕분이라느니 하는 말들이 많은 사람들 사이에서 회자됐다.

여기에서 일본의 성공 원인을 놓고 벌어졌던 논쟁들을 모두 점검할 필요는 없지만, 기본적으로 두 가지 큰 견해가 있었다는 점을 밝혀둔다. 하나는 일본의 성장을 훌륭한 펀더멘털(fundamental, 국가 경제 따위에서 기본적인 내재 가치를 나타내는 기초 경제 여건—옮긴이)의 산물로 설명하는 쪽이었다. 무엇보다도 탁월한 기초 교육과 높은 저축률이 거론되었다. 그리고 여기에 (언제나 그렇듯) 아마추어 사회학적 관점이 가미된 견해, 즉 일본은 어떻게 고품질 상품의 저비용 생산이 가능한가에 대한 분석이 더해졌다. 또 하나는 일본이 근본적으로 다른 경제 체제, 그러니까 새롭고 뛰어난 형태의 자본주의를 개발해냈다고 주장하는 쪽이었다. 일본에 관한 논의는 점차 경제 원리를 둘러싼 논쟁으로 발전했다. 일반적으로는 구미식 경제관의 타당성에 대한 논의, 구체적으로는 자유시장의 덕목에 관한 논쟁으로 번진 것이다.

일본식 경제 체계에서 우월하다고 여겨지던 한 가지는 '정부의 지도'였다. 1950년대와 60년대 일본 정부는 경제에 대한 강력한 관리감독을 수행했다. (그 유명한 통산성과 상대적으로 조용하나 영향력은 더 강했던 재무성으로 대표된다.) 은행 대출과 수입 면허가 특정 산업 및 기업들에 집중

되었다는 점을 볼 때 일본의 경제 성장은 (적어도 부분적으로는) 정부의 전략적 설계에 기인한 작품이었다. 구미인들이 일본에 관심의 초점을 맞추던 무렵은 정부의 장악력이 현저히 약화된 다음이긴 했지만, 중앙의 주도에 따라 세계시장 장악을 목표로 돌진하는 '일본 주식회사'의 이미지는 1990년대에도 그대로 유지되었다.

일본 경제만의 독특한 스타일을 엿볼 수 있던 또 다른 대목은 '게이레쓰'系列라는 일본식 재벌 체제로, 대기업들을 단기적 자금 압박에서 보호해주는 역할을 했다. 하나의 주거래은행을 중심으로 밀접한 관계를 맺고 있는 이들 기업집단의 구성원들은 서로의 지분을 상당량 소유하는 것이 보통이었고, 따라서 경영에 있어 외부 주주들의 영향력을 덜받았다. 또한 일본 기업들은 주가나 시장의 신뢰를 크게 걱정하지 않았는데, 주식이나 채권을 팔아 자금을 마련하는 일이 드물었기 때문이다. 대신에 그들은 주거래은행에서 필요한 자금을 대출받았다. 따라서 일본 기업들은 단기 수익성을 걱정할 필요가 없었다. 아니, 수익성 자체에 크게 신경 쓸 필요가 없었다고도 할 수 있다. 그러면 나중에 주거래은행의 재정 상태가 나빠지고, 결과적으로 계열사의 투자를 규제할 수밖에 없는 상황이 오지 않겠냐고 반문할 독자도 있을 것이다. 만약 은행 계열사들에 대한 대출이 불건전해 보이면 예금주들이 예금을 인출해가는 사태가 발생할 테니까 말이다. 그러나 대부분의 나라에서 그렇듯 일본에서도 예금주들은 정부가 은행의 예금 손실을 방관하지는 않을 것이라고 믿었다. 따라서 은행이 그 돈으로 무엇을 하건 별로 관심을 갖지 않았다.

이러한 시스템을 흠모하는 사람이든 두려워하는 사람이든 결론은 똑

같았다. 일본이 장기적 포석을 놓을 수 있게 되었다는 것이다. 일본 정부는 성장의 엔진으로 삼을 수 있는 전략산업을 하나하나 정해나갔다. 그런 다음에 민간 부문을 이 산업 안으로 끌어들였다. 나아가 그들이 국내시장에서 기술을 연마하는 기간 동안 외국 기업과의 경쟁을 피할 수 있도록 보호해 주었으며, 그렇게 경쟁력이 갖춰진 다음에야 수출 전선으로 내보냈다. 그러면 기업은 한동안 수익성은 무시하고 오로지 시장 점유율을 높여 외국의 경쟁 상대를 물리치는 일에만 온 힘을 쏟았다. 이런 식으로 해당 산업의 지배력을 확보하고 나면 일본은 다음 목표로 이동했다. 철강, 자동차, VCR, 반도체 등이 이런 전략산업들이었다. 컴퓨터와 항공기도 여기에 추가됐다.

이러한 설명에 대해 여러 가지 구체적 증거를 대며 허점을 지적하는 회의론자들도 있었다. 그러나 일본의 약탈적 시장 장악 행위에 면죄부를 주는 사람이든, 아니면 통산성의 '마법사들'이 정말로 그렇게 전지전능했는지에 관해 의문을 제기하는 사람이든 공통적으로 인정하는 바는 일본의 성공이 일본식 시스템의 특징적 성격과 관계가 있다는 점이었다. 어쨌든 바로 이러한 특성들, 그러니까 정부와 기업의 유착관계 및 정부 보증으로 게이레쓰 기업들에게 신용을 제공하는 일에 '정실자본주의'(crony capitalism)라는 이름이 붙여졌다. 정실자본주의가 경제 불안의 근원으로 지목된 것은 한참 후의 일이다.

실제로 이 시스템의 취약성이 분명해진 것은 1980년대 후반 무렵이었다. 물론 보려고 애쓰는 사람의 눈에만 보였지만 말이다.

거품과 시련, 그리고 고민

1990년이 시작될 무렵, 인구는 미국의 절반이고 GDP는 미국의 절반도 안 되는 나라인 일본의 주식 시가 총액은 미국의 그것보다 더 컸다. 땅값도 인구밀도가 높은 탓에 절대 저렴할 수 없다고는 하지만 그래도 믿을 수 없을 만큼 치솟은 상태였다. 도쿄의 천왕궁 아래 1평방마일 땅이면 캘리포니아주 전체를 다 사고도 남는다는 이야기가 널리 인용될 정도였다. '거품경제'에 들어선 일본은 1920년대 미국과 흡사했다.

일본에 있어 1980년대 후반은 번영과 고성장, 저실업, 그리고 고이윤의 시대였다. 그럼에도 불구하고 경제 통계자료를 보면 이 기간 동안에 지가와 주가가 세 배나 폭등한 사실을 정당화할 만한 요소는 하나도 없다. 물론 당시조차도 금융 호황에 뭔가 비합리적인 면이 있다고 생각하는 사람들은 많았다. 저속 성장을 보이는 산업 분야의 전통 기업들이 마치 성장주처럼 평가받고, 그 주가수익률(PER)도 60이상인 점이 아무래도 미심쩍었던 것이다.

그러나 과열된 시장에서 흔히 그렇듯, 회의론자들은 자신들의 확신을 뒷받침할 만한 근거를 찾지 못했다. 아니, 용기가 없었던 것인지도 모른다. 그리고 대개 그렇듯이 하늘 높은 줄 모르고 치솟는 가격을 정당화하는 논리는 온갖 것들이 다 등장했다.

금융 거품은 전혀 새로운 것이 아니다. 과거의 '튤립 광풍'(튤립 비늘줄기의 판매를 둘러싸고 17세기 네덜란드에서 일어난 투기 열풍-옮긴이)에서 근래의 닷컴 열풍에 이르는 갖가지 거품 사례에서 보듯이, 아무리 지각 있는 투자자라 하더라도 다들 돈을 벌어들이는 상황에서 분위기에 휩쓸리지 않고 장기적 안목을 취하기란 매우 어려운 법이다. 그러나 일본인들은 장기적이고 전략적으로 사고한다는 평판이 자자했다는 점과, 또 '일본주식회사'는 누구나 참여할 수 있는 자유시장이 아니라 일종의 계획경제와 비슷했다는 점을 감안하면 그 거품의 정도에 다소 놀라움이 남는다.

일본이 장기적이고 사회적으로 통제된 투자를 한다는 명성은 항상 실제보다 과장되었던 것으로 드러났다. 정치인들에게 뇌물을 바침으로써 여분의 이득을 얻고, 야쿠자 커넥션을 통해 또 다른 이득을 얻는 부동산 투기꾼들이 일본의 현실에서는 아주 오래 전부터 놀라울 정도로 중요한 부분을 차지했다. 1970년대에도 부동산 투기는 은행위기를 촉발시킬 수 있는 수준으로 과열되며 사회적 문제로 대두됐었다. 다만 당시에는 인플레이션 폭발로 인해 투기꾼들이 보유한 채무의 실질가치가 떨어지면서 불량대출이 다시 양호해지는 바람에 상황이 해결되었을 뿐이다. 일본의 거품경제는 사실 놀랄 만큼 심각한 수준이었다. 군중심리 말고 이 현상을 설명할 다른 방법이 있을까?

일단 다음과 같은 점을 확인할 수 있다. 일본의 거품은 1980년대 전 세계에 몰아닥친 몇 차례의 투기 열풍 가운데 하나였을 뿐이다. 이 열풍들은 주로 은행 대출의 뒷받침을 받는다는 공통점을 지녔다. 전통적으로 착실한 운영을 하던 기관들마저 시장 평균을 웃도는 이자율에 눈이 멀어 리스크가 큰 투자자들, 심지어 수상쩍은 이들에게까지 돈을 꾸어주기 시작했다.

대표적인 예가 미국의 저축대부조합들이었다. 영화 〈멋진 인생〉(It' s a Wonderful Life, 아버지로부터 물려받은 작은 대부회사를 지키기 위한 노력을 그린 1947년 영화. 지미 스튜어트가 주인공 조지 베일리 역을 맡았다-옮긴이)에서 지미 스튜어트가 연기한 소도시 은행가의 성실성이 바로 대중들이 이 조합들에 대해 갖고 있던 이미지였었다. 그러나 1980년대에 들어오면서 이런 이미지는 거금을 굴리는 텍사스 부동산 거물의 느낌을 닮아 갔다.

엇비슷하게 의심스러운 대출 폭증이 세계 도처에서 발생했다. 스웨덴처럼 평소 투기와 거리가 멀다고 여겨지던 나라들조차 예외가 아니었다. 경제학자들은 이 모든 사건들 뒤에 동일한 경제 원칙이 존재한다고 주장해왔다. 베이비시팅 협동조합 모델처럼 이 책에서 여러 번 등장하게 될 이 원칙은 바로 '모럴해저드'moral hazard 즉 도덕적 해이라는 것이다.

모럴해저드는 원래 보험업계 용어였다. 화재보험 초창기에 보험사들은 이상한 점을 발견했다. 재산 손실에 대비해 건물이나 주택에 보험을 들어 놓은 사람이 전소 화재를 당하는 경향이 높다는 흥미로운 통계였다. 특히 주변 여건의 변화로 건물의 예상 시장가치가 보험금보다 낮아질 때에 이런 경향이 심했다. (1980년대 중반 뉴욕 시에는 '방화 가능성 높은' 지주들이 상당수 알려져 있었다. 그들 가운데는 자신 소유의 유령회사를 통해 실제 가치보다 부풀린 가격으로 건물을 사들여 이 가격을 기준으로 보험에 든 다음, 곧바로 화재를 당하는 사람들도 있었다. 모럴해저드의 전형이 아닐 수 없다.) 그리하여 모럴해저드라는 용어는 만약 어떤 일이 잘못될 경우, 그 부담은 다른 사람에게 돌아가게 해놓고 자신은 일정 수준의 리스크만 감수하기로 결정한 상황을 뜻하게 되었다.

차입금은 내재적으로 모럴해저드를 유발할 가능성이 크다. 자, 내가 자본은 하나도 없지만 똑똑한 사람이라고 하자. 이 사실을 아는 당신은 내게 10억 달러를 빌려주고 알아서 투자하라고 한다. 단, 1년 안에 갚으라는 조건이다. 설령 당신이 높은 이자율을 부과한다 해도 내게는 더없이 좋은 거래다. 나는 그 돈으로 '고高 리스크 고高 리턴'의 투자를 한다. 만약 투자에 성공하면 어마어마한 돈방석에 앉을 테지만 설령 돈을 전부 날려버린다고 해도 개인파산을 선언하고 발을 빼면 끝이다. 앞면이 나오면 나와 당신이 돈을 먹되, 뒷면이 나오면 당신만 돈을 잃는 것이다.

바로 이런 이유 때문에 상대가 아무리 똑똑해보여도 알아서 하라며 10억 달러를 빌려주는 사람은 없다. 채권자들은 대개 차용자의 차입금 사용을 놓고 일정한 조건이나 제약을 붙인다. 차용자 역시 상당액의 개인 돈을 내놓도록 요구하는 게 보통이다. 그래야 차용자가 손실을 피하기 위해 정말로 노력할 것이기 때문이다.

때로는 돈을 빌려주는 사람이 이러한 원칙을 망각한 것처럼 행동하는 경우가 있다. 자신이 계획한 일에 대해 자신감이 넘치는 이들에게 아무런 의심 없이 거액을 빌려주는 경우다. 대표적인 예가 헤지펀드인데, 여기에 관한 이야기는 제6장에서 자세히 할 것이다.

한편, 차용자로 하여금 자기 자금을 충분히 내놓도록 만드는 조건이 시장 불안정의 원인으로 작용할 때도 있다. 자산의 가치가 떨어지면 차입금으로 이것을 매입한 사람들은 '마진콜'(margin call, 평가금액 하락으로 인한 추가 증거금 납입 요구—옮긴이) 상황에 몰릴 수도 있다. 더 많은 자기 자금을 (증거금으로) 내놓든가, 아니면 해당 자산을 청산해서 채권자들에게 변제해야 하는 상황에 놓이게 된다는 얘기다. 그러면 가격은 한층 더 하락하게 되는데, 이것이 바로 현재의 금융위기를 만든 핵심 동력이다.

그러나 위와 같은 시장 병리는 제쳐놓더라도 대부의 원칙이 깨어지는 좀 더 구조적인 이유가 있다. 바로 모럴해저드 게임이 납세자의 세금으로 벌어지는 경우다.

앞서 일본의 게이레쓰를 설명할 때 주거래은행이 있다는 점을 지적했다. 이런 은행에 돈을 맡긴 예금주들은 정부가 은행 뒤에 있기 때문에 자신의 예금이 안전하다고 믿는다. 제1세계에서 절대 다수의 사람들은 은행에 대해 그렇게 믿고 있다. 다른 곳에 살고 있는 사람들 대부분의 생각도 비슷하다. 설령 국가의 예금 보증을 명문화하지 않은 경우라고 해도, 단지 부실한 은행에 예금했다는 이유만으로 과부와 고아들이 평생의 저축을 날리는 것을 방관할 만큼 강심장인 현대 정부는 없다. 침수지역의 주택이 홍수에 떠내려갔을 때 가만히 있을 정부가 없는 것이나 마찬가지다. 요즘 말로 '꼴보수'들이나 정부의 이런 온정에 딴죽을 걸지 모르겠다. 하지만 이 때문에 사람들은 집을 어디에 지을 것인지 신중하게 고려하지 않으며, 돈을 어디에 보관할 것인지에 대해서는 더욱더 조심하지 않는 행태가 나오는 것이다.

이러한 부주의가 사악한 기업인들에게 좋은 기회를 제공한다. 예를 들어 당신이 멋들어진 건물에 멋진 이름으로 은행을 하나 세운다고 치자. 허용 가능한 선에서 높은 이자를 제시하거나 경품을 제공해 예금을 끌어모은다. 이제 이 돈을 다시 고리로 대출한다. 돈을 꾸는 이들은 웬만한 리스크 정도는 기꺼이 감수하는 투기꾼(당신의 친구일 수도 있고, 어떤 기업의 이름 뒤에 몸을 숨긴 당신 자신일 수도 있다)이다. 예금주들은 어떤 경우든 예금이 보호받는다는 것을 알기 때문에 투자의 질에 대해서는 전적으로 무관심하다. 이제 일방통행식 선택만이 남는다. 만약 투자가 성공하면 당신은 부자가 되는 것이고, 실패해도 툭툭 털고 나오면 그만이다. 뒤처리는 정부가 알아서 해줄 테니까.

물론 이것이 그렇게 쉬운 일은 아니다. 정부 관료들이 완전한 바보는 아니기 때문이다. 사실 1930년대부터 1980년대에 이르는 동안 이런 식으로 행동한 은행가의 숫자는 매우 적었다.

정부의 규제자들은 개인 채권자가 채무자에게 거액을 건네기 전에 보통 다짐받는 내용과 비슷한 성격의 제약을 은행에도 어느 정도 강제했다. 은행이 예금주들의 돈으로 할 수 있는 일에 제한을 둔 것인데, 과도한 리스크 감수 행위를 막기 위한 조치였다. 그들은 자기자본비율 항목을 통해 은행 소유주들에게 상당한 액수의 자기자본을 비축해놓을 것을 요구했다. 또한 좀 더 미묘한, 혹은 의도치 않은 우연한 수단을 통해 은행 간의 경쟁을 일정한 수준으로 묶어왔다. 즉 은행업 허가를 그 자체로 가치가 있는 무엇으로 만든 것인데, 당연히 은행가들은 자신만의 특권(은행업 허가)을 지키기 위해 조심스럽게 은행을 운영했다.

그러나 1980년대의 10년 동안 곳곳에서 이런 제한들이 무너졌다. 주된 원인은 규제철폐였다. 전통적인 은행들은 안전한 대신 보수적이었다. 그들은 자본을 가장 생산적인 방식으로 돌리지 못하고 있었다. 개혁론자들은 더 많은 자유와 경쟁이 필요하다고 목소리를 높였다. 각 은행들이 알아서 돈을 빌려주게 하고, 더 많은 '플레이어'들이 시장에 들어와 예금 유치를 놓고 경쟁하도록 허용해야 한다는 것이었다. 어쩐 일인지 개혁론자들은 여기에 수반한 위험은 망각했다. 은행들이 나쁜 리스크까지 감수할 자유를 갖게 될 뿐더러, 은행업 허가의 특혜적 가치가 감소하면 은행들이 나쁜 리스크를 피해야만 할 당위성도 그만큼 줄어든다는 사실이었다. 이러한 시장의 변화는, 특히 기업금융 분야에 등장한 대안적 자금원은 안전하고 전통적인 사업 방식을 고수하는 은행가들의 이윤을 잠식해나갔다.

더군다나 1980년대는 모럴해저드가 마치 유행병처럼 전 세계로 번져나간 시기였다. 여기에 제대로 대처했다고 자부할 수 있는 나라는 거의 없다. 미국도 물론이다. 저축대부조합의 문제를 잘못 처리한 일은 경솔하고 근시안적이며 부패한 정책 결정의 좋은 본보기다. 일본의 경우는 특히나 일반적 기준선-정부와 기업, 은행과 고객, 그리고 정부가 보증하는 대상과 그렇지 않은 대상의 경계-이 모두 불분명했던 까닭에 느슨해진 금융체제에 제대로 적응하지 못했다. 일본의 은행은 다른 나라의 동업자들보다 차용자의 신용에 덜 신경 쓰고 더 많이 빌려주었으며, 결과적으로 거품경제를 기괴한 수준으로까지 부풀리는 데 큰 몫을 했다.

거품이란 언젠가 터지기 마련이다. 일본의 거품 붕괴가 완전히 자연발생적이라고는 할 수 없다. 약간의 인위적 개입이 있었다는 의미다. 과도한 투기에 걱정이 된 일본은행은 1990년 풍선의 바람을 일부 빼겠다는 노력의 일환으로 이자율을 올리기 시작했다. 처음에는 별다른 실효를 거두지 못했다. 그러나 1991년이 되면서 지가와 주가가 가파른 하락세를 타기 시작했고, 몇 년 후에는 정점의 60퍼센트 수준으로 내려앉았다.

처음에, 그리고 그 후로도 몇 년 동안 일본의 당국자들은 이 모든 일들을 건강 회복(더 합리적이고 현실적인 자산평가로의 회귀)의 신호로 판단했던 것으로 보인다. 그러나 시간이 흐를수록, 거품경제의 종말로 경제적 건강이 찾아온 게 아니라 만성적 질환만 남았다는 사실이 분명해졌다.

눈에 보이지 않는 불황

1995년의 멕시코나 1998년의 한국, 2002년의 아르헨티나와 달리 일본은 어느 해에도 결코 재앙 수준의 경기후퇴를 경험하지는 않았다. 거품붕괴 후 10년 동안 일본의 실질 GDP가 실제로 떨어진 해는 단 두 해에 불과했다.

하지만 해를 거듭할수록 일본의 경제는 과거의 경험이나 당시의 능력에 못 미치는 결과만을 보여주었다. 1991년 이후 10년 동안 1980년대의 '평균'만큼 빠른 성장률을 보인 해는 단 한 해에 불과했다. 일본의 '잠재 생산량' 즉, 인력의 완전고용 및 자원의 완전 이용을 통해 달성할 수 있는 생산량을 아무리 보수적으로 산정해 적용하더라도 실질 생산량이 잠재 생산량만큼 성장한 해는 딱 한 해뿐이었다.

이를 본 경제학자들은 어색하기로 유명한 용어 하나를 만들어냈다. 일본의 상태를 '성장후퇴'(growth recession)라고 표현한 것이다. 성장후퇴란 경제가 성장하고 있기는 하지만 그 증가 잠재력을 충분히 이용한 성장이 아니며, 따라서 갈수록 많은 기계와 인력이 놀게 되는 경우를 말한다. 일반적으로 성장후퇴는 매우 드문 일이다. 호황이나 불황이라는 것은 나름대로 추진력을 더해가는 경향이 있기 때문에 고속성장 아니면 뚜렷한 쇠퇴를 낳아야 정상이다. 그렇지만 일본은 10년씩이나 지속되는 성장후퇴를 경험했고, 이것이 마땅히 이뤄야 할 성장 수준에 한참 못 미친 탓에 전혀 새로운 현상을 예고하는 상황에까지 이르렀다. 바로 '성장불황'(growth depression)이었다.

유난히 더딘 속도로 진행된 일본의 경제 악화는 그 자체로 혼동의 원인이 되었다. 불황이 슬금슬금 나라 전체에 퍼진 탓에 국민들이 정부에 뭔가 극적인 조치를 취하라고 촉구하는 일도 벌어지지 않았다. 경제 엔진이 끼익 소리를 내며 멈추는 내신 서서히 동력을 잃어간 탓에 정부는 시종일관 성장 지표만 하향조정했을 뿐이다. 일본 정부는 그들이 이룰 수 있고, 또 이뤄야 마땅한 성장에 한참 모자라는 성장률을 놓고 그래도 경제가 계속 성장하고 있으니 정책들이 유효한 것 아니냐며 정책 옹호에만 열을 올렸다. 하지만 같은 시기에 일본과 외국의 분석가들은 일본이 이렇게나 오랫동안 저속성장을 계속하고 있다는 것은 결국 더 이상의 고속성장이 불가능함을 의미한다는 추정을 내놓곤 했다.

이렇듯 일본의 경제 정책은 독선과 숙명론의 이상한 조합이 특징이었다. 한 가지 더, 상황이 어쩌다 이렇게까지 잘못될 수 있는지에 대해 심각하게 고민하는 일은 가급적 피하고자 하는 경향도 팽배했다.

일본의 함정

1991년 일본 경제의 침체가 시작된 일에 미심쩍은 부분은 하나도 없다. 금융 거품은 조만간 터지게 되어 있었고, 이것이 터지자 투자와 소비, 그리고 전반적인 수요 면에서 하락이 따르는 것은 당연했다. 1990년대 미국에서 주식시장 거품이 터졌을 때도 똑같은 일이 발생했다. 2000년대 후반에 주택시장의 거품이 터졌을 때도 마찬가지였다. 그렇지만 여전히 남는 의문은 어째서 일본의 정책입안자들이, 그중에서도 특히 일본의 중앙은행이 경제를 회생시킬 방안을 찾을 수 없었는가 하는 점이다.

여기서 다시 베이비시팅 조합의 이야기로 돌아가보자. 미국 주식시장이 붕괴 일보 직전이고, 이로 인해 소비자들의 신뢰가 무너지고 있다고 가정해보자. 이는 과연 재난 수준의 경기후퇴가 불가피하다는 의미일까? 이렇게 생각해보자. 소비자 신뢰상실이란 다시 말해 조합의 회원들이 어떤 이유에서든 외출을 삼가고 만일에 대비해 쿠폰을 축적하고자 안달하게 된 상황과 같다고 하겠다. 이런 상태라면 경기후퇴로 이어질 가능성이 충분하다. 그러나 반드시는 아니다. 조합 운영진이 경각심을 갖고 단지 더 많은 쿠폰을 발행하는 것으로 대응한다면 그렇지 않을 수도 있다는 얘기다. 우리의 쿠폰 발행 책임자인 앨런 그린스펀이 1987년에 한 일이 바로 이것이었다.

그러나 쿠폰 발행자가 신속한 대응에 실패했고 이로 인해 경제가 정말로 침체에 빠졌다고 가정해보자. 그렇다고 두려움에 떨 필요는 없다. 쿠폰발행 책임자가 일시적 오판으로 사태를 통제하지 못했다고 해도 지금이라도 더 많은 쿠폰을 발행하면 상황을 반전시킬 수 있기 때문이다. 1981~82년과 1990~91년, 그리고 2001년에 미국의 경기후퇴를 막은 적극적 통화팽창책이 여기에 해당한다.

그렇다면 호황기에 이루어진 그 모든 부실 투자들은 다 어떻게 해야 하는 걸까? 사실 이것은 그만큼 자본이 낭비되었다는 의미다. 그러나 과거의 부실투자가 반드시 현재의 생산에 실질적인 피해를 입힌다는 명확한 근거는 없다. 생산 능력이 기대만큼 증가하지 않을 수는 있지만 실질적으로 떨어지라는 법은 없다. 소비를 계속 뒷받침할 수 있을 정도로 충분한 돈을 찍어내 경제가 그 생산 능력을 충분히 이용하도록 하면 되는 것이다.

앞서도 언급했지만 베이비시팅 조합의 사례는 경기후퇴라는 것이 우리의 죄에 대한 벌도 아니요, 우리가 감내해야 할 운명도 아님을 알려주고 있다는 점을 명심하기 바란다. 캐피톨힐 조합이 어려움을 겪은 이유는 회원들이 무능하고 불성실한 베이비시터였기 때문이 아니다. 캐피톨힐 사람들의 가치관 문제나 아는 집 애만 잘 봐주는 편파주의와 같은 근본적 결함을 드러냈기 때문도 아니었다. 단지 소량의 쿠폰에 다수의 사람들이 몰린 기술적 문제가 있었을 뿐이고, 이것은 조금만 머리를 쓰면 풀 수 있는 문제였으며, 결국 그렇게 해결한 문제였다. 따라서 우리는 이 조합의 이야기를 숙명론이나 비관주의에 대한 예방접종 주사로 받아들여야 한다. 경기후퇴는 언제든 쉽게 치유될 수 있다는 의미를 담고 있기 때문이다.

하지만 일본은 왜 거품이 터진 후에도 정신을 차리지 못했던 걸까? 왜 해답이 없어 보이는 경기후퇴에 갇히게 된 것일까? 단순히 쿠폰을 찍어내는 일만으로는 탈출이 불가능해 보이는 경기후퇴에 말이다. 캐피톨힐 조합의 이야기를 조금 더 확대해보면 일본의 문제와 많은 부분 흡사한 면모를 찾을 수 있을 것이다.

먼저 조합원들이 자신들의 시스템에 어떤 불필요한 불편함이 존재한다는 사실을 깨닫고 있는 경우를 상상해보자. 한 부부가 연달아서 외출을 해야 하는데 쿠폰이 떨어지는 상황, 따라서 아이들을 맡길 수 없게 되는 일이 벌어질 수 있다. 나중에 다른 집 아이 봐주기로 충분히 보상하려 해도 지금 당장은 내 아이를 맡길 수가 없다. 이 문제를 해결하기 위해 조합에서는 조합원의 필요에 따라 운영진으로부터 여분의 쿠폰을 빌리는 일을 허용했다. 나중에 베이비시팅을 통해 얻는 쿠폰으로 갚는 조건이었다. (조합원들끼리도 서로 쿠폰을 빌릴 수 있다고 가정하면 이 이야기는 실물경제에 좀 더 가까운 방향으로 옮겨간다. 그러면 이 초기 수준의 자본시장에서 이자율은 우리의 비유담에서 조합 운영진이 부과하는 '할인율'과 같은 역할을 수행하게 된다.) 그러나 회원들이 이 혜택을 남용하는 일을 방지하기 위해 운영진은 약간의 불이익을 규정할 필요가 있었다. 차용자에게 빌린 것보다 더 많은 쿠폰으로 되갚도록 조처한 것이다.

이 새로운 시스템하에서는 언제든 필요할 때 쿠폰을 빌릴 수 있었으므로 회원들이 여유 쿠폰을 비축하는 정도는 과거보다 줄어들었다. 더 나아가 운영진은 새로운 관리 수단을 터득하게 됐는데, 만약 회원들이 아이를 맡기기는 쉽지만 아이를 맡는 일은 어렵다고 보고하면 쿠폰을 빌리는 조건을 완화해 더 많은 부부가 외출을 하도록 유도하며, 만약 아이를 맡기는 일이 힘들어지면 다시 조건을 강화해 외출 횟수가 줄어들도록 하는 것이었다.

다시 말해서 이 조합은 좀 더 세련된 시스템을 갖춤으로써 일종의 중앙은행을 갖게 된 셈이다. 경제가 불황에 빠지면 이자율을 내려서 자극을 가하고 경기가 과열되면 이자율을 올려서 열기를 식히는 중앙은행 말이다.

그러나 일본의 이자율은 거의 제로(0)에 가깝게 내려가 있었다. 그럼에도 경제는 여전히 불황이었다. 마침내 우리의 비유담도 한계에 이른 것인가?

이번에는 베이비시팅의 수요와 공급에 계절성이 있다고 가정해보자. 겨울에는 날씨가 춥고 일찍 어두워지므로 부부들이 외출을 줄이고 집에 머물면서 다른 회원들의 아이를 돌보려고 한다. 상쾌한 여름밤에 이용할 수 있는 포인트를 축적하려는 것이다. 만약에 이러한 계절성이 너무 강하지만 않다면 조합은 겨울에는 낮은 이자율을, 여름에는 높은 이자율을 책정함으로써 베이비시팅의 수요와 공급을 균형 있게 조절할 것이다.

그런데 계절성이 너무 강하다면 어떻게 될까? 겨울에는 이자율이 제로라고 해도 밖에 나가기보다 남의 아이를 맡아 돌보려는 부부들이 많아질 것이다. 베이비시팅 기회를 얻기가 어려워진다는 뜻이다. 그러면 여름에 대비해 여유분을 쌓아놓은 부부들이 겨울에는 더욱더 포인트를 사용하려 들지 않을 것인데, 이것은 곧 베이비시팅 기회가 훨씬 더 줄어든다는 의미며, 결국 조합은 이자율이 제로인 상태에서도 경기후퇴에 접어드는 것이다.

1990년대 일본은 불만의 겨울이었다. 인구 노령화 현상 때문이었는지도 모르고, 미래에 대한 전반적인 불안감 때문이었는지도 모른다. 어쨌든 일본 국민들은 이자율이 제로 상태인데도 경제가 능력을 발휘하기에 충분할 만큼 소비를 하려 들지 않았다.

경제학자들은 일본이 무시운 유동성 함정에 빠졌다고 진단했다. 여기까지가 유동성 함정의 정체와 그것의 생성 배경에 대한 기초적 설명이다.

표류하는 일본

경기후퇴에 대한 표준적 대응은 이자율 인하다. 베이비시팅 쿠폰을 싸게 빌릴 수 있게 함으로써 외출을 다시 늘리는 것이다. 일본은 버블 붕괴 이후 이자율을 내리는 데 다소 더딘 행보를 보였다. 그러다가 결국 이자율을 제로 상태까지 내리지 않을 수 없었다. 하지만 이것만으로는 충분치 않았다. 그럼 더 무엇을 어떻게 해야 하는가?

케인스식의 고전적 방법은 −만약 민간 부문이 완전고용을 유지하기에 충분한 수준으로 소비하려 들지 않는다면− 공공 부문이 이 틈을 메워야 한다는 것이다. 정부가 돈을 빌려 자금을 조성한 다음, 공공투자 프로젝트(가능한 한 꼭 필요한 좋은 목적을 위해 진행하면 좋지만 이것은 부차적인 고려사항일 뿐이다)를 수행하여 일자리를 창출하는 것이다. 그러면 대중들의 소비가 늘어나고 이것은 더 많은 일자리 창출로 이어진다. 미국의 대공황을 끝낸 것도 대규모 적자 재정의 공공 프로그램이었는데, 바로 제2차 세계대전이다. 일본이 이와 유사한 방식으로 (물론 더 평화적인 방법으로) 성장을 촉진하려는 노력을 기울이지 않은 이유가 무엇일까?

사실 일본은 노력을 기울였다. 1990년대 내내 일본 정부는 일련의 경기부양책을 내놓고 자금을 차입하여 국가적 필요와는 상관없는 도로와 교량들을 건설했다. 이 부양책들이 직접적으로 일자리를 만들어냈고, 새로운 시책이 나올 때마다 전체 경제는 약간씩 상승했다.

문제는 이 프로그램들이 충분한 자극을 주지 못했다는 데 있다. 1991년 일본 정부는 상당한 액수의 흑자 예산을 운용했다.(GDP의 2.9퍼센트) 그러나 1996년의 적자 예산은 GDP의 4.3퍼센트라는 매우 골치 아픈 수준이었다. 그럼에도 경제 엔진은 여전히 헉헉댔다. 한편, 눈덩이처럼 불어나는 적자에 일본 재무성의 걱정은 커져만 갔다. 재무성은 예산의 장기적 포지션에 관심을 갖지 않을 수 없는 입장이었다. 가장 큰 염려는 인구통계학적 측면이었다.(이는 또한 높은 저축률 및 낮은 투자 수요와도 관련이 깊을 수 있다) 일본도 다른 나라들과 마찬가지로 베이비붐에 이은 출산율 감소로 꾸준한 노령화 현상(근로자 대비 은퇴자 비율의 증가)에 직면해 있었다. 하지만 일본의 상황은 특히나 심각했다. 노동 가능 연령층은 꾸준히 감소하는데 반해, 은퇴 인구는 급속히 늘었기 때문이다. 이러한 은퇴 인구는 정부에 엄청난 재정 부담이 되지 않을 수 없다. 거액의 예산을 필요로 하는 공공연금과 건강보험의 수혜자가 늘기 때문이다. 결국 계속 불어나는 적자를 마냥 용인할 것이 아니라 (표준적 재정 원칙에 따라) 미래의 지출에 대비한 신탁기금을 계속 비축해야 한다는 의견이 많아졌다.

1997년에 들어서자 재정의 지급이행 능력을 의심하는 목소리가 높아졌고, 재무장관 하시모토 류타로橋本龍太郎는 예산 적자를 메우기 위해 세금을 올리는 조치를 단행했다. 그러자 경기는 바로 얼어붙어 버렸다.

결국 일본 정부는 다시 적자 지출로 돌아서지 않을 수 없었다. 1998년 일본은 대규모 공공 공사 프로그램을 도입했다. 그러자 재정에 대한 논란이 다시 발생했으며, 쉽사리 가라앉지 않았다. 투자자들은 정부가 GDP 10퍼센트의 적자 예산을 계획하고 있다는 사실을 곧 알아차렸고, GDP 대비 정부의 부채 비율이 이미 100퍼센트를 넘어섰다는 사실도 밝혀냈다. 이러한 수치는 하이퍼인플레이션의 위험에 노출돼 있는 남미 국가들에서나 나올 수 있는 것이었다. 물론 일본에서 하이퍼인플레이션이 실제로 발생하리라고 예상하는 사람은 아무도 없었다. 그러나 투자자들 사이에서는 일본 재정의 장기적 건전성과 관련한 약간의 우려감이 고개를 들 수밖에 없었다. 간단히 말해 적자 지출로 경제의 시동을 걸려던 시도가 한계에 이른 것으로 보였다는 얘기다.

그렇다면 다른 대안은 무엇이었을까?

공공지출의 확대는 수렁에 빠진 경제에 대한 표준적 처방이다. 그러나 은행으로 통화 공급을 확대하는 일 역시 또 하나의 표준적 대응이 될 수 있다. 대공황과 관련한 통념 가운데 하나는 1930~31년의 은행위기가 신용 시장에 장기적인 손상을 가했기 때문에 대공황이 그토록 오래 지속되었다는 견해다. 만약 대출을 받기만 했다면 기꺼이 더 소비할(투자할) 기업인들이 있었으며, 이들이야말로 실제로 자격이 있는 차용자였다는 주장이다. 그러나 이들에게 대출을 해줄 수 있는 은행가들은 이미 업계에서 밀려나 있거나 자금을 모을 수 없는 상황이었는데, 은행에 대한 대중의 신뢰가 땅에 떨어졌기 때문이었다. 베이비시팅 조합의 예에 비유하자면 겨울에 기꺼이 외출하고 여름에 다른 회원의 아이를 돌보겠다는 이들조차 필요한 쿠폰을 빌려주겠다는 사람을 만날 수 없는 상황이었던 셈이다.

일본의 은행들은 거품경제 시절에 많은 부실대출을 했고, 뒤를 이은 스태그네이션으로 인해 다른 대출들까지도 부실화된 상황에 처해 있었다. 따라서 일본의 불황을 설명하는 하나의 이론은 다음과 같았는데, 일본이 유동성 함정에 빠진 주된 이유가 은행들이 재정적으로 취약해졌기 때문이며, 따라서 은행을 개혁하면 경제는 살아날 것이라는 얘기였다. 결국 1998년 후반에 일본의 입법부는 5,000억 달러를 투입하는 은행구제 계획을 세웠다.

일본을 살리는 또 다른 선택안은 무엇이었을까? 어떤 조치든 취해서 약간의 인플레이션이 진행되도록 유도하는 것이었다. 여기에 관해서는 좀 더 설명이 필요할 것 같다.

경제학자들은 사실 유동성 함정이라는 주제에 대해 오랜 기간 별로 신경을 쓰지 않아왔다. 1990년대에 이르러 일본의 문제가 대두되기 전까지 주요 경제국이 이런 함정에 빠진 것으로 보였던 사례는 1930년대 후반의 미국뿐이었다. 경제사를 연구하는 학자들은 이것이 진정한 유동성 함정도 아니었다고 -연방정부가 충분히 노력했다면 빠져나올 수 있었다고- 주장함으로써 이 경험의 중요성을 경시하는 경향을 보여왔다. 뿐만 아니라, 다시 되풀이될 가능성이 없는 과도한 정책적 실수로 함정에 빠졌을 뿐이라는 견해도 피력했다. 따라서 1990년대 중반에 일본의 유동성 함정이 확연히 드러났을 때 경제학자들은 기본적으로 준비가 되어 있지 않았다. 그리고 (나의 동료들을 좀 비판하자면) 거의 관심도 없었다. 나는 지금도 일본의 함정이 현실적 문제일 뿐 아니라 경제학 학설들에 대한 도전이라는 점에서 매우 중대한 사안임을 깨달은 경제학자가 거의 없었다는 사실에 경악한다.

그러나 빅토리아 시대의 위대한 경제학자 알프레드 마셜Alfred Marshall이 말했듯이 경제학이란 "실제적 진실의 본체가 아니라 실제적 진실을 발견하기 위한 엔진"이다. 덜 고상하게 말하자면 낡은 모델이라도 새로운 임무를 수행할 수 있다는 뜻이다. 베이비시팅 조합에 대한 위의 두 번째 이야기에서 살펴보았듯이 불경기가 발생했을 때 중앙은행은 이자율을 내림으로써 통상적인 대처를 한다. 이 과정을 설명하기 위해 고안

된 모델은 반대로 이러한 처방책이 먹혀들지 않는 상황을 조명하는 데도 유용할 수 있다. 또한 이 두 번째 비유는 유동성 함정이라는 것에서 빠져나오는 방법들에 대한, 적어도 애당초 그런 함정에 빠지지 않는 방법들에 대한 확실한 지침을 제공한다.

이야기를 다시 더듬어 보자. 베이비시팅 조합이 맞닥뜨린 기본적 문제는 회원들이 여름에 대비해 이자율이 제로인 겨울에도 쿠폰을 축적하려 한다는 점이었다. 그러나 조합원 전부가 아이를 맡기지는 않고 돌보려고만 든다면 누구도 쿠폰을 벌 수 없다. 결국 회원들의 개별적 노력이 모여 겨울철 불경기를 초래하는 것이다.

경제학자라면 즉시 알아차리겠지만 해결책은 가격을 적절히 바로잡는 것이다. 즉, 겨울에 쌓은 포인트를 여름까지 갖고 가면 가치가 떨어진다는 점을 확신시켜야 한다. 일테면 겨울에 쌓은 다섯 시간의 베이비시팅 신용을 여름이 되면 네 시간으로 축소시키는 식으로 말이다. 이렇게 하면 사람들은 쿠폰을 가급적 빨리 사용해야 한다는 자극을 받게 되고, 따라서 남의 아이를 돌볼 기회도 더 많이 창출되는 것이다.

이것은 부당한 처사가 아니냐고 반문하는 독자들도 있겠다. 회원들의 정당한 저축을 강탈하는 것이나 다름없어 보일 테니까 말이다. 하지만 조합원 전체가 겨울의 베이비시팅 시간을 여름에 사용하기 위해 저축하는 일이 (논리적으로) 불가능한 상황이라면, 오히려 겨울 시간을 여름 시간과 일대 일로 교환하도록 허용하는 것이 조합원들의 인센티브를 왜곡하는 일이 아닐까?

그렇다면 베이비시팅이 아닌 실제 경제에서 여름에 가치가 떨어지는 이 쿠폰과 상응하는 것은 무엇일까? 바로 시간에 비례해 돈의 가치를 하락시키는 인플레이션이다. 아니, 유동성 함정에서 경제를 탈출시킬 수 있는 한 가지 방법은 인플레이션 예상 심리를 조장하는 것이라고 말하는 편이 좀 더 상황에 적합한 답일 터다. 인플레이션을 예측하는 이들은 돈을 비축해두려고 하지 않기 때문이다. 일단 유동성 함정의 가능성을 심각하게 받아들여야 할 상황에 처하면 인플레이션 심리 조장이 훌륭한 해결 방법이라는 결론에서 도망갈 수가 없다.(일본의 사례는 유동성 함정의 가능성을 절대 경시하지 말아야 한다는 교훈을 일깨운다)

이제까지 나는 베이비시팅 조합이라는 별난 비유담을 통해서 인플레이션의 장점을 설명했지만 경제학자들이 통화정책에 관해 논의할 때 흔히 사용하는 표준적 수리 모델 중 어떤 것을 적용해도 동일한 결론이 나온다는 점을 덧붙이고 싶다. 실제로 통화정책을 이용해 경기후퇴와 싸우려면 적절한 수준의 인플레이션이 필요할 수도 있다는 생각은 오래 전부터 하나의 흐름으로 존재해왔다. 그러나 인플레이션 반대자들은 '물가안정은 언제나 바람직한 것이며 인플레이션을 부추기는 일은 자칫 통제불능의 위험한 사태를 초래할 수도 있다'는 주장을 폈고, 인플레이션 옹호자들은 이 뿌리 깊은 고정관념과 싸워야만 했다. 물가안정의 중요성에 대한 이러한 믿음은 표준적 경제 모델에 기초한 것이 아니다. 오히려 교과서의 일반적 이론은 일본의 유다른 상황에 대한 자연적 해결책으로 인플레이션을 제안한다. 그러나 경제를 보는 전통적 이론과 전통적 지혜가 항상 같은 것은 아니다. 금융위기에 직면해 힘든 결정을 내려야 하는 나라들의 숫자가 늘어날수록 이러한 이론과 지혜의 충돌은 더욱 두드러질 것이다.

일본의 회생

일본 경제는 2003년을 전후하여 마침내 회복의 조짐을 보이기 시작했다. 실질 GDP가 연간 2퍼센트를 약간 상회하는 수준으로 성장하기 시작했고, 실업률도 떨어졌으며, 지겹도록 경제를 괴롭히던 -그리고 유동성 함정을 악화하던- 디플레이션이 누그러졌다. 실제적인 인플레이션의 조짐이 없었는데도 말이다. 무엇이 제대로 돌아간 결과일까?

주된 이유는 수출 증가였다. 2000년대 중반의 몇 년 동안 미국은 막대한 양의 공업 생산품을 수입함으로써 엄청난 무역적자를 기록했다. 이들 중 일부가 일본에서 온 것이었다. 물론 국가별 비율로 보면 중국 및 여타 신흥공업국들의 대미 수출이 더 많았다. 하지만 일본은 중국의 성장에서도 큰 혜택을 입었다. 많은 중국산 제품이 일제 부품을 사용했기 때문이다. 결국 미국의 수입 폭증이 일본의 수출 증대와 일본 경제의 회생에 기여한 셈이다.

그렇지만 일본의 함정 탈출은 여전히 불확정적 상태로 남아있다. 이 글을 쓰고 있는 현재 일본의 콜금리는 고작 0.5퍼센트다.(콜금리는 연방준비제도이사회에서 정하는 연방기금금리와 유사한 성격의 이자율이다) 이는 어렴풋이 모습을 드러내고 있는 작금의 경기후퇴 상황에서 일본은행이 이자율을 더 내릴 여유가 별로 없음을 뜻한다. 만약 이번 침체가 심화되면 일본은 곧바로 다시 함정에 빠지게 될 것이다.

Chapter 04

아시아의 붕괴

태국은 결코 작은 나라가 아니다. 인구는 영국이나 프랑스보다도 많다. 거대한 도시인 방콕은 극심한 교통체증으로도 유명하다. 하지만 세계 경제의 엄청난 규모 안에서 태국은 변방의 소국에 불과하다. 1980~90년대의 고속성장에도 불구하고 여전히 가난한 나라다. 태국 국민들의 구매력을 다 합쳐도 매사추세츠주 주민들의 구매력만 못하다. 혹자는 이렇게 생각할지도 모르겠다. 일본 같은 경제대국의 이야기라면 몰라도 태국의 경제 사정은 태국 국민들이나 인접 국가들, 또는 이 나라와 직접적인 이해관계가 있는 기업들에게나 중요한 것 아니냐고 말이다.

하지만 1997년 태국 바트화의 폭락은 아시아 대부분의 나라에 영향을 미친 금융위기의 방아쇠였다. 우리가 짚어봐야 할 핵심 문제는 왜 이런 일이 발생했는지다. 더 중요한 질문은 어떻게 이런 일이 일어날 수 있었는가다. 그 이유를 알아보기에 앞서 먼저 태국의 호황과 붕괴, 그리고 경제위기가 아시아로 전파된 과정을 살펴보기로 하자.

투자 붐이 일다

태국은 아시아의 기적에 비교적 늦게 합류한 나라였다. 전통적으로 농산물 수출국이던 이 나라가 주요한 산업 중심지가 된 것은 1980년대에 들어서면서부터다. 이때부터 외국 기업들(특히 일본계)이 태국에 공장을 세우기 시작했다. 태국의 경제성장은 급물살을 탔다. 시골에서 올라온 농민들이 도시의 새로 생긴 일자리를 채웠다. 외국인들의 투자가 좋은 성과를 맺자 또 다른 투자들이 줄을 이었다. 태국은 연 8퍼센트를 웃도는 경제성장률을 보였다. 방콕의 유명한 사원들이 고층빌딩과 아파트의 그림자에 가려지기 시작했다. 이웃나라들과 마찬가지로 태국도 수백만 명의 일반 국민들이 절대빈곤에서 벗어나 웬만큼 먹고 살만한 수준에 오르기 시작했고 일부는 매우 부유해졌다.

1990년대 초까지는 이러한 성장을 가능케 한 대부분의 투자가 태국 국민들의 저축에 의해 이루어졌다. 외국자본이 들어와 거대한 수출 공장을 세우기도 했지만 소규모 기업들은 주로 국내자본에 근거했고, 가가호호에서 모인 은행 저축은 새로운 빌딩과 아파트를 짓는데 사용됐다. 1991년 태국의 외채는 이 나라의 한 해 수출액보다 약간 모자랐다. 작은 액수는 아니지만 안전성 측면에서 정상적인 범위였다.(같은 해 라틴아메리카의 외채는 수출의 평균 2.7배였다)

그러나 1990년대가 흐르는 동안 이 금융 자족의 상태에 변화가 오기 시작했다. 변화의 압력은 주로 외부에서 왔다. 앞서 제2장에서 설명한 라틴아메리카의 외채위기가 해결되면서 제3세계에 대한 투자가 늘어난 것이다. 게다가 공산주의의 붕괴로 인해 급진파의 쿠데타 가능성이 줄어들면서 서구사회의 안전망 밖에 있는 국가에 투자하는 일이 전보다 덜 위험하게 느껴졌다. 1990년대 초반 선진국의 이자율은 매우 낮았다. 각국 중앙은행이 불황의 조짐을 막기 위해 노력하고 있었기 때문인데, 따라서 많은 투자자들이 조금이라도 더 높은 수익을 찾아 해외로 나갔다. 무엇보다 주목할 만한 사실은 투자회사들이 과거에 '제3세계' 또는 '개발도상국'이라고 부르던 나라들을 새로운 명칭으로 일컫기 시작했다는 점이다. 이들 국가는 '신흥시장'(emerging market)이라는 금융투자의 새로운 개척지로 평가받기시작했다.

투자자들은 떼를 지어 움직였다. 1990년 한 해 동안 개발도상국으로 흘러든 민간자본은 모두 420억 달러였다. IMF나 세계은행 같은 공적 기관들 역시 제3세계에 민간 투자자들의 투자액을 모두 합한 것보다 더 많은 돈을 쏟아 부었다. 그러나 1997년까지 개발도상국들에 투입된 공적 자금은 사실상 줄어든 반면, 민간 자본은 다섯 배 증가한 2,560억 달러가 유입되었다. 처음에 대부분의 돈은 남미, 특히 멕시코로 들어갔다. 그러나 1994년 이후에는 외견상 더 안전해 보이는 동남아시아로 이동했다.

어떻게 이 돈이 도쿄나 프랑크푸르트에서 방콕이나 자카르타로 옮겨갔을까?(일본이나 유럽계 은행들이 주로 아시아에 대부를 제공했다. 반면에 미국 은행들은 수수방관하고 있었다. 현명했던 것일까, 단지 운이 좋았던 것일까?) 이 돈은 도착한 뒤 어떻게 되었을까? 그 길을 따라가 보자.

일단 전형적인 거래가 시작된다. 일본의 한 은행이 태국 금융회사(주로 외국자본을 들여오는 컨베이어벨트 같은 역할을 한다)에 대부를 제공한다. 이 금융회사는 엔화를 들여왔고, 이 돈을 다시 더 높은 이자율로 현지의 부동산 개발업자에게 대출해주려고 한다. 그러나 개발업자는 현지 통화로 땅을 사고 임금을 지급해야 하기 때문에 엔화가 아니라 바트화로 빌리고 싶어한다. 금융회사는 엔화를 들고 외환시장에 가서 바트화로 바꾼다.

다른 시장과 마찬가지로 외환시장도 수요와 공급의 법칙에 따라 움직인다. 무언가에 대한 수요가 올라가면 그 가격은 자연히 상승한다. 즉 금융회사의 바트화 수요가 바트화 가치를 올리기 시작한 것이다. 하지만 호황 당시 태국의 중앙은행은 바트화 대비 달러의 환율을 안정되게 유지하려고 노력했다. 그러기 위해서는 바트화에 대한 수요를 바트화 공급 증가로 상쇄해야 했기 때문에 그들은 바트화를 팔고 달러나 엔화와 같은 외화를 사들였다. 따라서 최초의 엔화 대부로 인한 간접적 결과는 중앙은행인 태국은행(Bank of Thailand)의 외환보유액 증가와 바트화 공급량 증대라는 두 가지 측면으로 나타났다. 아울러 경제에 신용팽창(예금된 돈의 일부가 대출되고, 이 돈이 다시 예금으로 들어오면서 원래의 예금액이 늘어나는 일-옮긴이)도 나타났다. 금융회사가 직접 제공한 대부에 더해, 새로 생겨난 바트화를 예치한 은행들이 제공한 추가적 신용이 합쳐지면서 신용팽창으로 이어진 것이다. 또한 대출액의 상당량이 신규예금 형태로 다시 은행으로 돌아가 더 많은 신규 대출의 기반이 됐다. 이는 경제학 개론 시간에 가르치는 '승수乘數 효과'의 대표적 예에 해당한다.(아르헨티나의 1995년 은행위기는 같은 과정이 역으로 진행된 예다)

해외에서 계속해 더 많은 자금이 들어옴에 따라 대규모 신용팽창이 이뤄졌고, 이것은 신규 투자의 물결을 일으켰다. 투자의 일부는 오피스 빌딩 및 아파트 건설 등 실제 용도로 쓰였지만 투기가 되는 경우도 많았다. 투기 대상은 주로 부동산이었지만 주식시장도 빼놓을 수 없었다. 1996년 초 동남아시아 경제는 1980년대 후반의 일본 거품경제와 매우 흡사한 모습을 보이기 시작했다.

그렇다면 통화당국들은 왜 투기 붐을 막지 못했을까? 그들은 노력했지만 실패했다. 동남아시아 각국의 중앙은행은 자본유입에 대해 '안전조치'를 취하려고 했다. 외환시장에서 바트화를 팔아야만 했던 태국은행은 채권을 팔아 다시 그 바트화를 환수하려고 노력했다. 사실상 방금 찍어낸 돈을 다시 차입하는 셈이었다. 그러나 이는 국내 이자율을 올리는 결과로 이어졌고, 결국 해외로부터의 차입은 더욱 늘어나게 되었다. 더 많은 엔화와 달러가 유입됐다. 안전장치를 만들려는 정부의 노력은 실패로 돌아갔고, 신용은 팽창 일로를 걸었다.

풍선처럼 부풀어 오르는 통화와 신용을 억제하는 유일한 방법은 중앙은행의 고정환율제 포기였다. 즉, 바트화 가치가 올라가도록 놔두는 것이다. 결과론적인 얘기지만 지금까지도 많은 경제전문가들이 TV에 나와 그랬어야만 했다고 떠들고 있다. 그러나 당시 이는 옳지 못한 생각으로 보였다. 바트화 상세는 세계시장에서 태국 수출품의 경쟁력을 떨어뜨릴 게 분명했다.(달러 기준 임금과 다른 비용들이 상승하기 때문이다) 태국인들도 안정된 환율이 기업의 신용에 도움이 되며, 태국은 너무 작은 나라이기 때문에 미국처럼 널뛰기하는 환율을 감당할 수는 없을 거라고 생각했다.

경기과열은 자신의 길을 걷기 시작했다. 경제학 책에도 나와있듯이 통화와 신용의 팽창은 결국 자기 제한적이다. 치솟는 투자는 새롭게 부유해진 소비자들이 만들어낸 엄청난 구매력과 어우러져 수입 급증을 야기했다. 그러는 동안 호황으로 인해 임금은 상승한 반면, 수출품의 경쟁력은 떨어져갔다.(특히 태국의 주요 경쟁국 중 하나인 중국이 1994년 자국 통화를 절하한 영향이 컸다) 수출성장률 둔화에 따른 막대한 무역적자가 발생했다. 외화자금이 국내에 통화와 신용을 공급하는 대신 수입품 구매 비용으로 나가기 시작했다.

큰 문제는 없어 보였다. 일부 경제학자들은 -1990년대 초반에 멕시코의 상황을 부추기던 사람들처럼- 태국과 말레이시아, 인도네시아의 무역적자는 경제적 취약성을 드러낸 것이 아니라 강한 경제력의 신호라고, 시장이 올바로 작동하고 있음을 보여주는 사례라고 주장했다. 단순 계산상으로 자본의 순유입이 일어나고 있는 나라는 같은 규모의 경상수지 적자를 내는 것이 당연하다는 논리였다. 따라서 동남아시아로의 자본 유입이 경제적으로 정당하다고 생각하는 한 무역적자도 마찬가지였다. 당시 동남아의 성장과 경제적 안정성을 감안할 때 많은 나라들이 이 지역에 자본을 투자하는 것은 당연했다. 게다가 무역적자는 정부의 무분별한 지출로 인해 벌어진 일도 아니었다. 예를 들어 말레이시아와 인도네시아도 대규모 공공사업을 추진하고 있었지만 비용은 경상수입으로 충당이 가능했고, 예산도 그런대로 균형이 잡혀 있었다. 결국 이러한 무역적자는 민간 부문에서 이루어진 결정의 산물이라는 얘기다. 그렇다면 민간 부문의 결정이 비난을 받아야 하는 이유는 무엇인가?(곧 살펴보겠다.)

어쨌든 태국과 말레이시아의 적자가 GDP의 6, 7, 8퍼센트로 증가함에 따라 많은 관측자들이 불안감을 느끼기 시작했다. 이는 멕시코가 테킬라 위기 직전에 보인 수치와 비슷했다. 멕시코 사태 이후 일부 경제학자들은 국제적 자본의 흐름을 신뢰할 필요는 없다고 생각하게 됐다. 비록 그것이 민간 부문의 왜곡되지 않은 결정을 나타내는 것이라고 하더라도 말이다. 아시아에 대한 투자자들의 낙관적 전망이 몇 년 전의 라틴아메리카 낙관론과 비슷하다는 점도 불안했다. 또한 멕시코의 경험은 시장 정서가 역전되면 대응하기 무척 힘들다는 교훈을 남기지 않았던가.

아울러 우리는 아시아의 차입이 민간 부문의 자유로운 결정에 따른 것이라는 주장이 꼭 사실이지만은 않다는 점도 깨달았어야 했다. 거품경제 시절의 일본처럼 동남아시아도 모럴해저드 문제가 있었다. 이 문제는 얼마 지나지 않아 앞서 설명한 정실자본주의로 일컬어지게 됐다.

태국의 금융회사 이야기로 돌아가 보자. 엔화를 차입해 신용팽창의 전 과정을 촉발시킨 금융회사들 말이다. 이 금융회사들의 정체는 정확히 무얼까? 사실 이 회사들은 정상적인 은행이 아니었다. 예금자도 별로 없었다. 고급 투자정보를 바탕으로 고수익의 투자처에 투자를 유도하는 서구의 투자은행 같은 곳도 아니었다. 그렇다면 이런 회사들은 무엇이란 말인가? 누가 그들에게 밥상을 차려준 것일까?

간단한 대답은 정치적 연고다. 이러한 금융회사는 정부 고위관리의 친척이나 지인이 소유한 경우가 많았다. 따라서 차입액과 투자액의 규모가 전적으로 (비난받지 말아야 할) 민간 부문의 결정이라는 주장은 공허한 외침에 불과했다. 이런 금융회사들에 대한 대부는 (미국의 저축대부조합 예금이 보호받는 것과 같은 종류의) 공식적인 보증을 전혀 받지 못했다.

대신에 어떤 장관의 조카가 소유한 금융회사에 돈을 빌려준 외국 은행은 자신들이 약간의 특별한 보호를 받을 것이라고, 만약 투자가 성공을 거두지 못하면 그 장관이 금융회사를 구해줄 거라고 믿었다. 실제로 위기가 닥쳤을 때 태국 정부는 이들 금융회사에 돈을 물린 외국 채권자들을 대부분 구제해주었다.

이번에는 금융회사 소유주인 장관의 조카 관점에서 상황을 보기로 하자. 먼저 그는 낮은 이율로 돈을 빌릴 수 있는 위치에 있다. 아무도 여기에 의문을 제기하지 않는다. 빌린 돈을 높은 이율로 부동산업자인 친구에게 다시 빌려주는 것은 너무도 자연스러운 일이다. 그 친구가 업무용 신축 빌딩에 투자해 큰 성공을 거둘 수도 있고, 그렇지 않을 수도 있다. 일이 잘 된다면 두 사람 다 거액을 손에 쥐게 된다. 하지만 일이 안 풀려도 크게 걱정할 필요는 없다. 장관이 조카의 금융회사를 살릴 방도를 찾을 것이기 때문이다. 조카는 무사하고 뒤처리는 납세자들이 한다.

이와 유사한 일들이 곧 위기를 맞을 모든 나라에서 벌어지고 있었다. 인도네시아에서 금융 중개인들의 역할은 다소 미약했다. 대신 전형적인 검은 거래가 이루어졌다. 외국 은행들은 대통령의 족벌이 통제하는 회사에 직접 대출을 해주었다.(대표적인 예가 홍콩의 페레그린 인베스트먼트 홀딩스Peregrine Investment Holdings를 파산으로 이끈 대부였다. 당시 대출금은 수하르토 대통령의 딸이 소유한 택시회사로 들어갔다) 한국에서는 사실상 재벌들이 조종하는 은행들이 대규모 차입을 했다. 재벌은 한국에서 (아주 최근까지도) 경제와 정치를 지배해온 거대 복합기업이다. 이밖에 아시아의 많은 나라에서 정부 고위관리들이 암묵적인 투자 보증을 해주었는데, 덕분에 위험한 투자에 대한 체감 위험도가 줄어들어 많은 해외투자자들이 오히려 전망이 밝다는 오판을 하게 만들었다. 과열된 투기성 호황에 기름을 끼얹는 격이었다.

모든 상황을 고려할 때 아시아 전역에 경제위기가 닥친 것은 놀라운 일이 아니다. 통화위기를 이미 1년 전에 예견했다고 주장하는 이들까지 있다. 그러나 이 위기가 얼마나 심각할지는 아무도 몰랐다.

1997년 7월 2일

태국의 호황을 만들었던 '신용 톱니바퀴'가 1996년과 1997년 상반기를 거치면서 거꾸로 돌기 시작했다. 외부적인 요인들도 얼마쯤 작용했다. 태국의 수출시장 일부가 침체되고 엔화의 가치하락으로 동남아시아 산업의 경쟁력이 떨어진 것 등이다. 하지만 주된 이유는 아니었다. 태국의 호황이 끝난 것은 도박장의 논리라고 할 수 있다. 노름꾼은 어차피 도박장을 이길 수 없는 법이다. 직접적으로든 간접적으로든 외국의 저렴한 자본을 끌어다 쓴 수많은 투기성 투자들이 갈수록 어긋나기 시작했다. 일부 투기꾼이 파산했고 도산하는 금융회사들도 속출했다. 외국의 금융기관들은 더 이상의 대부를 꺼리기 시작했다.

투자자들의 신뢰 상실은 일정 정도 악순환적 과정이다. 부동산 가격과 주식시장이 호황이면 아무리 의심스러운 투자라도 좋아 보이는 법이다. 그러나 거품이 빠지면서 손실이 엄청나게 늘기 시작했다. 신뢰가 사라지자 신규 대출은 더욱 줄었다. 7월 2일 위기 이전에 이미 토지와 주식 가격은 최고점에서 한참 아래로 떨어져 있었다.

외국으로부터의 차입이 둔화되자 중앙은행에도 문제가 생기기 시작했다. 엔화와 달러의 유입이 줄자 외환시장에서 바트화에 대한 수요도 줄어든 것이다. 반면 수입 대금 결제를 위한 외환 수요는 줄지 않았다. 바트화의 가치를 지키기 위해 태국은행은 자본이 들어오기 시작했을 때와 정반대의 조치를 취했다. 시장에 개입해 달러와 엔화를 주고 바트화를 사들여 자국의 통화를 지지하려 한 것이다. 그러나 통화 가치를 낮추려는 것과 높이려는 것 사이에는 중요한 차이가 있다. 태국은행은 원하는 만큼 바트화를 공급할 수 있다. 그저 찍어내면 되니까 말이다. 그러나 달러는 찍을 수 없다. 따라서 바트화의 가치를 방어하는 능력에는 한계가 있었고, 외환보유고는 얼마 안 가 바닥을 드러냈다.

통화가치를 유지하는 유일한 길은 바트화 유통량을 줄이고 이자율을 올림으로써 투자자들이 달러를 빌려 바트화에 재투자하도록 유도하는 것이었다. 그러나 이것은 양날의 칼이다. 당시 투자 붐이 일단락되면서 태국의 경제 성장은 이미 둔화되고 있었고, 건설 경기 또한 좋지 못했다. 이것은 일자리 축소를 의미했고, 일자리 축소는 낮은 소득을, 낮은 소득은 경제 다른 부문에서의 해고를 의미했다. 완전한 의미의 경기후퇴는 아니었지만 태국 경제가 더 이상 과거 방식대로 움직일 수 없다는 점은 확실했다. 이런 상황에서 이자율 상승은 투자를 막는 일일뿐더러 경제를 확실한 불황에 빠뜨리는 길이었다.

대안은 정부의 통화 개입 포기였다. 바트화 매입을 중단하고 바트화 가치 하락을 용인하는 것이다. 그러나 이 역시 곤란한 일이었다. 평가절하가 정부 신인도에 흠집을 낼 것이라는 게 한 가지 이유였다. 또한 너무나 많은 은행과 금융회사, 기업들이 달러 채무를 갖고 있었다. 바트화 대비 달러의 가치가 오른다면 그들 다수가 파산할 것이 뻔했다.

진퇴양난의 답답한 상황이었다. 태국 정부는 바트화 하락을 용인하고 싶지 않았지만 그렇다고 외환보유고 손실을 막기 위해 혹독한 대내적 조치를 취할 생각도 없었다. 대신 관망하는 쪽을 택했다. 어떤 전환점이 생겨나길 기대하는 눈치였다.

하지만 이 모든 상황은 뻔한 결말로 흘러갔다. 통화위기가 발생한 것이다. 경제학자들이 모델화하기 좋아하고 투기꾼들이 흔히 조장하는 종류의 경제 상황이 도래했다. 태국 정부가 국내 경제를 단속할 뜻이 없음이 분명해지면서 바트화 가치가 떨어질 가능성은 더욱 높아졌다. 그러나 아직 그런 일이 발생하지는 않았기 때문에 예견된 사태를 이용해 먹을 시간은 충분했다. 바트화 대 달러의 환율이 안정적으로 유지될 것처럼 보이던 때에는 –태국의 이자율이 미국보다 몇 포인트 높으므로– 달러로 차입해 바트화로 대부해주는 것이 수지맞는 장사였다. 그러나 바트화 가치가 떨어질 가능성이 높아지자 정반대의 분위기가 일었다. 즉 바트화를 차입해(이 채무에 대한 달러화 가치가 떨어질 것으로 기대하고) 달러로 바꿔놓는(이 자산에 대한 바트화 가치가 올라갈 것으로 기대하고) 식으로 말이다. 현지 기업인들은 바트화를 빌려 달러 채무를 갚았고, 부유한 태국인들은 자국 국채를 팔아 미국 국채를 샀다. 마지막으로 일부 대형 국제 헤지펀드들이 바트화를 빌려 달러로 바꾸기 시작했다.

이 모든 움직임이 바트화를 팔아 다른 통화를 매입하는 일과 관련되어 있었다. 중앙은행은 통화의 가치하락을 막기 위해 더 많은 바트화를 매입해야만 했다. 중앙은행의 외환보유고는 빠른 속도로 고갈되어갔다. 이것은 바트화의 평가절하가 임박했다는 심증을 더욱 굳혀주었다.

고전적인 방식의 통화위기란 바로 이런 것이다.

통화전문가라면 누구나 사태가 이 지경에 이른 이상 정부가 단호한 입장을 취해야 한다고 충고할 것이다. 어떤 희생을 감수하더라도 통화를 방어하든가, 아니면 그대로 풀어놓든가 둘 중 하나를 택해야 했다. 그러나 정부가 양 갈래 길에서 결정을 내린다는 것은 언제나 어려운 일이다. 과거의 대부분 정부가 그랬고 앞으로도 많은 정부가 그러겠지만, 태국 정부 역시 외환보유액이 바닥을 드러내는데도 기다리고만 있었다. 단지 비공식적 채널의 '통화스와프'(2개국 중앙은행이 상호 일정액의 자국통화를 일정기간 교환·예치하기로 합의하는 것–옮긴이) 채결을 통해(사실상 나중에 갚겠다는 조건으로 달러를 빌려서) 외환보유액이 더 많아 보이도록 만듦으로써 정부의 통제능력이 실제보다 더 강력함을 시장에 납득시키려고 노력할 뿐이었다. 그러나 시장의 압력은 때로 약해지는 듯 보이다가도 다시 되살아나곤 했다. 그리고 7월이 시작되면서 모든 것이 끝났다는 사실이 확실해졌다. 7월 2일, 태국은 결국 바트화 방어를 포기했다.

적어도 이 시점까지는 예상 밖의 일이 발생하지 않았다. 외환보유고 고갈, 약세 통화에 대한 투기적 공격은 경제학 교과서에 나오는 그대로였다. 그러나 테킬라 위기라는 최근의 경험에도 불구하고 대부분의 사람들은 바트화 폭락 이상의 사태는 없을 거라고 생각했다. 태국 정부로서는 수치였고, 과도하게 사업을 확장한 몇몇 기업들은 크게 휘청거리겠지만 그렇다고 재앙일 것까지는 없었다. 태국과 멕시코는 닮은 점이 하나도 없었다. '안정과 개혁, 그리고 무성장'을 달성했다고 비난할 사람은 없었다. 인기영합 정책을 펴려고 기다리고 있는 태국판 카르데나스도 없었다. 파괴적 불황은 오지 않을 터였다.

그러나 그것은 잘못된 예측이었다.

모든 것이 무너지다

바트화 폭락 이후 아시아를 뒤덮은 경제위기에 대해 우리는 두 가지 질문을 던져봐야 한다. 먼저 역학의 문제다. 이러한 불황이 어떻게 발생했을까? 하나의 작은 경제국에서 일어난 통화 하락이 어떻게 이토록 넓은 지역에 걸쳐 투자와 생산의 붕괴를 야기했을까? 그 다음은 각국 정부가 왜 이 재앙을 막지 않았는지, 아니면 왜 막을 수 없었는지에 관한 좀 더 심층적인 질문이다. 거시경제 정책에 무슨 일이 벌어진 것일까?

두 번째 의문에 대한 해답을 얻으려면 시간이 더 필요할 것이다. 이 문제를 연구하는 전문가들이 날카로운 이견 대립을 벌이고 있기 때문이기도 하다. 따라서 이 문제는 다음 장으로 미루고 여기서는 벌어졌던 일들에 관해서만 간략히 살펴보기로 하자.

모든 것이 정상적으로 돌아갈 때는 통화의 가치하락을 허용해도 끔찍한 사태가 발생하지 않는다. 1992년 영국이 파운드화 방어를 포기했을 때 파운드화 가치는 약 15퍼센트 하락했으나 곧 안정을 되찾았다. 투자자들의 생각에 최악의 상황은 지나갔고, 통화 약세가 수출에 도움을 줄 것이며, 따라서 과거보다 더 투자하기 좋은 상황이 되었다고 판단한 것이다. 일반적인 계산으로 바트화가 15퍼센트 정도 떨어지면 태국의 산업이 비용 대비 경쟁력을 갖출 것이라고들 했다. 대략 그 정도의 하락은 예상하고 있었다. 그러나 바트화는 수직 하강을 했다. 몇 달 만에 달러 대비 바트화 가치가 50퍼센트 이상 떨어졌다. 만약 태국 정부가 이자율을 대폭 올리지 않았더라면 바트 가치는 더욱 폭락했을 것이다.

왜 바트화가 이렇게 폭락했을까? 간단히 답하자면 '패닉' 때문이다. 하지만 패닉도 여러 가지가 있다. 어떤 패닉이 원인이란 말인가?

패닉이 그저 패닉인 경우도 있다. 투자자들이 어떤 뉴스를 듣고 정당한 반응 이상의 비이성적 반응을 보이는 경우 말이다. 1981년에 잠깐 벌어진 달러 폭락 현상이 좋은 예다. 레이건 대통령이 정신병자의 총에 맞아 부상을 입은 때였다. 물론 충격적인 사건이었다. 그러나 설령 레이건이 사망했다 하더라도 미국 정부의 안정성이나 정책의 일관성에는 큰 변화가 없었을 것이다. 침착한 태도로 달러 투매에 동참하지 않은 사람들은 보상을 받았다.

그런데 경제에서 훨씬 중요한 패닉은 (어떤 뉴스로 인한 것이건 간에) 스스로를 입증하는 패닉이다. 패닉 자체가 패닉을 정당화하는 것이다. 대표적인 예가 뱅크런(예금 인출 쇄도 사태)이다. 예금자들이 한꺼번에 예금을 찾으려고 몰려들면 은행은 투매가로 자신의 자산을 팔아야만 하고, 결국 파산에 몰리게 된다. 이럴 때는 패닉을 버텨낸 예금자들이 패닉에 휩쓸린 이들보다 더 큰 피해를 입게 된다.

태국의 일부 은행에서 이러한 뱅크런이 발생했다. 인도네시아에서는 더 많았다. 그러나 뱅크런이 사태의 핵심은 아니다. 이것이 하나의 고리가 된 끔찍한 악순환에 우리는 주목해야 한다. 금융 악화와 신뢰 상실이 원인인데, 뱅크런은 이 순환 고리의 단지 한 측면일 뿐이다.

다음은 이 과정을 그림으로 나타낸 것이다. 금융위기에 휩쓸린 아시아의 여러 나라에서 동일한 과정이 발생했다.(형태의 차이는 다소 있었다) 세 개의 고리 중 어느 부분에서 시작해도 좋다. 여기서는 태국 통화와 경제에 대한 신뢰 하락에서 시작해보자.

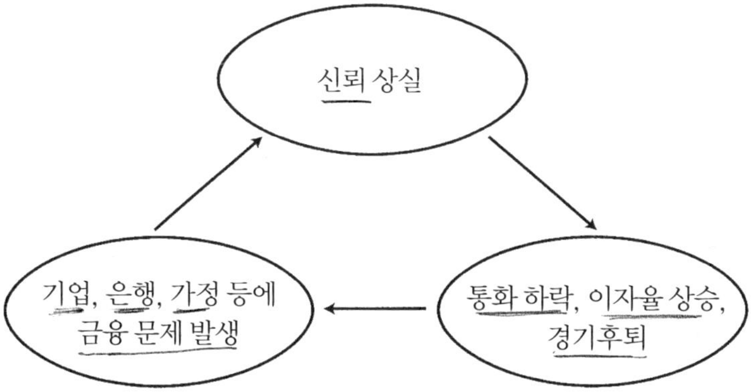

금융위기의 악순환

태국의 통화와 경제에 대한 신뢰 하락은 국내외 투자자들로 하여금 이 나라에서 돈을 빼내고 싶게 만들었다. 이는 바트화의 가치 폭락을 일으켰다. 달러와 엔화가 부족한 태국 중앙은행으로서는 외환시장에서 바트화를 매입하는 방법으로 더 이상 통화를 방어할 수가 없었다. 통화가치 하락을 막는 유일한 길은 이자율을 올려 바트화를 이 악순환에서 벗어나게 하는 것뿐이었다. 그런데 불행하게도 통화가치 하락과 이자율 상승은 비즈니스에 금융상의 문제점을 안겨주었다. 금융기관이든 일반 기업이든 마찬가지였다. 많은 회사들이 달러 채무를 갖고 있었는데, 바트화의 가치가 떨어지면서 바트화 환산 채무액이 늘어나버린 것이다. 한편, 바트화로 돈을 빌린 회사들도 이자율이 오름에 따라 상환이 더 힘들어졌다. 이자율 상승과 경영실적 악화, 그리고 대출 자체가 거의 불가능해진 은행 시스템 등의 문제들이 합쳐져 기업들이 씀씀이를 대폭 줄여야만 하는 상황이 되었는데, 이것이 경기후퇴를 낳았고, 결국 수익률 하락과 적자 경영으로 이어졌다. 이러한 나쁜 소식들이 신뢰를 더욱 무너뜨렸다. 태국 경제는 완전히 쓰러지고 말았다.

지금도 전문가들이 연구 중인 복잡한 세부사항들을 제외하고 생각하면 태국의 이야기는 아주 단순해 보인다. 1995년 멕시코에서도 비슷한 일이 일어났기 때문이다. 그렇다면 태국의 바트화 폭락이 왜 이토록 무서운 영향을 미친 것일까? 많은 경제학자들은 태국의 경제가 어떻게 전개될지 대충은 미리 알고 있었다. 다시 말해 신뢰 하락이 금융시장에, 실물경제에, 다시 시장의 신뢰에 미치는 파괴적 피드백의 악순환을 이론상으로는 알고 있었지만 이 과정이 실제로 얼마나 강력한 힘을 발휘할지에 관해선 아무도 예측하지 못했다. 위기를 만드는 순환 논리의 폭발력 역시 짐작이 힘들었다.

강당에 있는 마이크를 보자. 마이크는 피드백의 과정을 잘 보여준다. 마이크에 모인 소리는 증폭되어 스피커를 통해 나간다. 그런데 이 스피커에서 나오는 소리 역시 마이크에 포착되며, 이런 반복이 계속된다. 하지만 강당의 울림이 지나치지 않고 앰프의 증폭량이 크지 않다면 소리의 진폭 감소 과정이 이어지고, 아무런 문제도 없을 것이다.

하지만 앰프의 볼륨을 계속 높이면 폭발 현상이 일어난다. 아무리 작은 소리라도 포착, 증폭해 귀청을 찢는 쇳소리를 낸다. 다시 말해 중요한 것은 피드백의 질적 측면이 아니라 양적 강도다. 사람들이 놀란 원인은 너무 높이 올려놓은 볼륨 때문이다.

시장경제가 실제로 이처럼 불안정해질 수 있다는 사실, 그리고 앞의 도표와 같은 피드백이 폭발적인 위기를 일으킬 만큼 강력할 수 있다는 사실을 좀처럼 믿으려고 하지 않는 사람들이 지금도 많다. 하지만 그렇디. 위기가 번져나간 과정을 보면 쉽게 이해할 수 있다.

전염되는 위기

국제금융에 관한 주요 회의들, 특히 국제적 위기의 관리 방안을 논의하는 회의들은 한적한 휴양지에서 열리는 경향이 있다. 제2차 세계대전 후의 통화 체제가 브레턴우즈에 있는 마운트워싱턴 호텔의 회의에서 시작된 것도, 각국 재무장관과 중앙은행장들이 매년 여름 와이오밍의 리조트 잭슨레이크러지Jackson Lake Lodge에서 만나는 것도 다 이유가 있다. 중요한 인물들이 매일같이 자국 현안들을 해결하는 소방수 역할을 하는 데서 잠시나마 벗어나 더 큰 문제에 초점을 맞추도록 하기 위한 배려가 아닐까? 어쨌든 1997년 10월 초-아시아 위기가 한창 진행 중이었으나 그 심각성이 아직 확실해지지 않았을 때-에 일단의 은행가와 관리, 경제학자들이 사태를 검토하기 위해 미국 버몬트주의 우드스톡에 모였다.

태국은 이미 깊은 곤경에 빠져있었다. 말레이시아의 링깃화 역시 난타당하고 있었으며, 인도네시아의 루피아화도 30퍼센트 가량 절하된 상태였다. 회의장에 모인 사람들의 전반적인 의견은 태국이 스스로 무덤을 팠다는 것이었다. 말레이시아에 대한 동정론도 거의 없었다. 말레이시아는 지난 수년 동안 (태국과 마찬가지로) 엄청난 금액의 경상수지 적자를 냈다. 더군다나 이 나라의 총리는 사악한 투기꾼들(조지 소로스의 퀀텀 펀드를 비롯한 서구의 헤지펀드들을 의미 – 옮긴이)을 공공연히 비난함으로써 사태를 더욱 악화시키고 있었다. 그러나 인도네시아의 경제 관리능력에 대해서는 다들 호의적이었다. 인도네시아가 통화하락을 용인한 것은 옳다고 본 반면, 루피아화의 약세는 합당치 않다고들 말했다. 인도네시아의 경상적자는 이웃나라들과 비교했을 때 GDP 대비 비율이 그리 크지 않았다. 인도네시아의 1996년 적자는 GDP의 4퍼센트 미만이었는데, 이는 호주와 비교해서도 적은 수치다. 인도네시아의 수출기반(원자재와 노동집약적 경공업 제품)도 견고해 보였다. 전체적인 경제기초가 겉보기에 건실했던 것이다.

하지만 석 달도 못가서 인도네시아는 다른 동남아시아 국가들보다 더 나쁜 상황을 맞이했다. 역사상 최악의 불황 중 하나에 빠져드는 중이었다. 그리고 이 위기는 주변국들뿐만 아니라 거리가 꽤 떨어져 있고 GDP도 인도네시아의 두 배, 태국의 세 배인 한국에까지 옮겨갔다.

'경제적 전염'에는 그에 상응하는 원인이 있게 마련이다. 미국이 재채기를 하면 캐나다는 감기에 걸린다는 말이 있다. 캐나다의 생산품 가운데 상당량이 남쪽의 거대한 이웃나라 미국에서 팔리기 때문이다. 위기가 전염된 아시아 국가들 사이에는 직접적인 연관성도 있었다. 태국은 말레이시아 제품의 시장이고, 말레이시아 역시 태국 제품의 시장이었다. 또한 아시아 국가들의 수출 품목이 서로 엇비슷했기 때문인 이유도 얼마쯤은 있을 것이다. 즉, 태국의 통화가치가 떨어지면 태국이 서구에 수출하는 의류 제품의 가격이 싸지고, 그러면 비슷한 품목을 생산하는 인도네시아 기업가도 가격을 낮춰 팔 수밖에 없다.

그러나 상품시장에서의 이러한 직접적인 '일출溢出 효과'(spillover effect, 넘쳐 흐른다는 뜻으로 일종의 연쇄적 파급효과를 말한다-옮긴이)를 감안한다 하더라도 이것이 위기 전염의 주요 원인일 수는 없다. 특히 태국은 한국의 경쟁자로서든 아니면 한국 상품의 시장으로서든 규모가 훨씬 큰 한국 경제를 엇나가게 할 주요 요인이 될 수 없었다.

이보다는 다소 직접적인 금융상의 연결이 경제적 전염의 더 유력한 원인일 수 있다. 단순히 한국이 태국에 투자를 많이 했다든가, 반대로 태국이 한국에 큰 투자를 했다는 이야기가 아니다. 아시아 지역으로 들어가는 자금은 흐름상 신흥시장(이머징마켓) 펀드를 통해 이루어지는 경우가 많았다. 그런데 이 펀드들은 이 지역을 하나의 덩어리로 보았다. 태국에서 나쁜 뉴스가 터지면 신흥시장 펀드에서 돈이 빠져나갔고, 그러면 아시아의 모든 나라에서 자금이 인출되는 것이다.

그러나 이러한 기계적 연관성보다 더 중요한 것은 아시아 경제에 대해 투자자들이 갖고 있는 생각이었다. 많은 투자자들이 아시아를 선호한 이유는 '아시아의 기적'을 공유하고 싶었기 때문이다. 따라서 한 나라의 경제가 기적과 상관없다는 생각이 들자 다른 나라들에 대한 믿음도 흔들렸다. 우드스톡에 모인 경제전문가들이야 인도네시아와 태국을 전혀 다른 경제국으로 보겠지만 일반 투자자들은 확신을 잃고 발을 빼기 시작했다.

물론 아시아의 국가들은 경제적으로 모두 다른 나라지만 특별한 공통점도 있는 것으로 드러났다. 바로 '자기입증형 패닉'에 취약하다는 것이다. 우드스톡에 모인 사람들은 인도네시아에 대해 오판했다. 반면 패닉에 휩싸인 투자자들은 옳았다. 우드스톡의 전문가들이 인도네시아의 장점을 잘못 판단했기 때문이 아니라 그 취약성을 과소평가한 결과다. 태국에서와 마찬가지로 말레이시아와 인도네시아, 한국에서도 시장의 신뢰가 꺾이면서 금융 및 경제 붕괴의 악순환이 시작되었다. 이 나라들이 물리적 상품의 흐름이라는 측면에서 크게 밀접한 관계를 맺고 있지 않다는 사실은 중요하지 않았다. 투자자들의 머릿속에서 서로 연결된 나라들이라는 점이 중요했다. 투자자들은 한 아시아 국가의 곤란을 다른 아시아 국가들에 대한 나쁜 뉴스로 간주했다. 이렇듯 자기입증형 패닉에 취약한 나라라면 투자자들의 믿음이 패닉을 실현시키는 결과를 만들어 낸다.

어째서 1997년의 아시아였나?

왜 아시아가 끔찍한 경제위기를 경험했을까? 하필이면 왜 1997년에 시작됐을까? 빌 클린턴의 말을 빌자면 대답은 '왜'라는 말을 어떤 의미로 썼는지에 달려 있다. 어떤 특정한 사건에 대해 묻는 것일 수도 있지만, 더 중요하게는 아시아가 특별한 취약성을 지니게 된 이유에 대한 질문일 수도 있다는 의미다.

아시아 위기를 촉발한 특정한 사건이 무엇이냐고 묻는다면 혐의가 짙은 몇 가지 것들이 용의선상에 오른다. 그중 하나가 엔화와 달러 사이의 환율이다. 하늘 높은 줄 모르고 치솟던 엔화는 1995~97년 땅바닥에 추락했다. 대부분의 아시아 통화가 어느 정도는 달러에 고정돼 있었기 때문에 엔화의 하락은 아시아 각국의 수출품이 일본 시장에서는 물론, 일본 상품들과 경쟁하는 다른 곳에서도 가격 경쟁력을 잃게 만들었고, 이는 이들 국가의 수출 둔화로 이어졌다. 태국과 말레이시아의 수출은 1994년 중국의 위안화 평가절하 때문에도 타격을 입었다. 넓은 의미에서 보자면 중국의 값싼 노동력과 경쟁하는 일 자체가 쉽지 않았다. 그리고 전 세계적으로 전자제품, 특히 반도체의 수요가 하락했는데, 이것은 아시아 경제국들이 주력하던 부문이었다.

하지만 아시아는 이보다 훨씬 더한 충격도 이겨낸 경험이 있었다. 예컨대 1985년의 유가 폭락은 석유수출국인 인도네시아에 엄청난 타격을 주었다. 그럼에도 고비를 넘기자 경제는 꾸준히 성장했다. 또 1990~91년의 경기후퇴는 그리 심각하지 않았지만 선진국들에게 많은 영향을 미쳤고, 따라서 아시아의 수출액도 감소하게 만들었다. 그러나 아시아 경제의 성장 모멘텀은 꺾이지 않았다. 따라서 우리가 생각해봐야 할 중요한 질문은 아시아-또는 세계일 수도 있다-의 무엇이 달라졌는지, 무엇이 달라졌기에 나쁜 뉴스 몇 건이 엄청난 경제적 눈사태를 일으킨 방아쇠가 되었는가 하는 점이다.

말레이시아의 총리 마하티르를 비롯한 일부 아시아인들은 음모론을 제기했다. 마하티르는 이번 금융위기가 조지 소로스와 같은 금융계의 거물들이 정교하게 계획한 '작품'이며, 그들은 미국 정부의 지시에 따라 움직이고 있다고 주장했다. 미국 정부가 고집 센 아시아인들에게 본보기를 보였다는 것이다. 시간이 흐르면서 마하티르의 헤지펀드 음모론은 타당성이 떨어지는 이야기로 여겨지기 시작했다. 사실 오늘날 헤지펀드의 역할은 이 책에서도 한 장(제6장)을 차지할 만큼 매우 중요하다. 그러나 그 역할은 1998년에 들어서야 중요해졌다.(공교롭게도 이즈음 소로스와 여러 헤지펀드들은 미국의 정책적 바람과는 완전히 반대로 움직였다) 아시아 위기에 대한 설명으로 음모론은 설득력을 잃었다.

반면에 많은 서구인들은 아시아의 위기를 일종의 권선징악으로 보았다. 정실자본주의에 대한 필연적 죗값이라는 얘기였다. 재앙이 터지자 여기저기서 아시아 국가들의 낭비와 부패에 관한 이야기를 떠들어댔다. 금융회사들 이야기며, '테크놀로지 회랑'(technology corridor, 대규모 정보통신기술 단지-옮긴이)을 세운다는 말레이시아의 웅장한 계획, 수하르토 일가가 축적한 막대한 부, 한국 재벌들의 기괴한 확장욕(한 속옷회사가 스키리조트를 샀다가 나중에 마이클 잭슨에게 팔려고 했다는 이야기를 들어보았는가?) (쌍방울[현 트라이브랜즈]과 무주리조트를 말한다-옮긴이) 등에 관한 이야기를 말이다. 그러나 이 권선징악의 이야기는 적어도 두 가지 점에서 문제가 있다.

먼저 아시아에서 정실情實주의와 부패가 매우 만연하기는 했지만 새삼스러운 것은 아니었다는 점이다. 한국의 재벌은 본질적으로 현대식 기업을 가장한 가족회사나. 소유주들은 수십 년 동안의 특별대우에 익숙해져 있었다.(그들은 각종 대출과 수입허가, 정부 보조금 등에서 우선권을 지녔다) 재벌은 그동안 엄청난 성장을 했다. 서구의 기준으로 보면 깔끔한 시스템이 아니지만 어쨌든 한국에서는 35년 동안 매우 훌륭하게 기능해왔다. 정도의 차이는 있겠지만 위기에 빠진 모든 나라가 비슷한 시스템을 갖고 있었다. 이런 결함들이 왜 하필 1997년에 심각한 문제로 떠올랐는가?

둘째로 만약 당시의 위기가 아시아 경제의 원죄에 대한 벌이었다면 발전 정도가 다른 여러 나라들이 동시에 궁지에 몰린 건 어찌된 영문일까? 1997년 한국은 선진국의 문턱에 거의 다다라 있었다. 한국의 1인당 국민소득은 남유럽 국가들과 비슷했지만 인도네시아는 1인당 하루 칼로리 소비량으로 성장의 척도를 재는 매우 가난한 나라였다. 전혀 다른 두 나라가 같은 시기에 위기를 맞은 것은 무슨 까닭일까?

내가 보기엔 적어도 죄에 대한 벌은 아니었다. 물론 현실적인 약점들이 있었으나 주된 원인은 바로 자기입증형 패닉에 취약했기 때문이다.

뱅크런(예금인출사태) 이야기로 되돌아가보자. 1931년에 미국 은행의 절반가량이 파산했다. 하지만 은행의 수준은 모두 달랐다. 일부는 엉터리 운영에 일부는 도박에 가까운 모험을 하고 있었지만, 다른 한편으로는 보수적 방침에 따라 탄탄한 실적을 올리는 곳들도 많았다. 그런데 패닉이 전국을 휩쓸자 예금주들은 은행을 가리지 않고 일단 돈을 빼내려 아우성이었고, 은행의 실제 속사정은 아무런 의미도 없었다. 극도로 보수적이어서 평소에도 지나치리만큼 많은 현금을 갖고 있던 은행들만이 겨우 살아남았다. 마찬가지로 태국의 경제 운용은 엉터리였고 지나치게 많은 돈을 빌려 매우 의심스러운 프로젝트에 투자한 반면, 인도네시아는 다소의 부정부패에도 불구하고 크게 비난받아 마땅한 부분은 없었으며, 우드스톡에 모인 경제전문가들이 인정했던 장점들을 실제로 갖고 있었다. 그러나 패닉 속에서 이런 차이점은 아무런 의미도 없었다.

1997년의 아시아 경제가 과거, 이를테면 5년이나 10년 전보다 금융패닉에 더 취약했을까? 그렇다. 그러나 정실자본주의 때문은 아니었다. 엉터리 정부정책 때문도 아니었다. 패닉에 취약해진 부분적 이유는 금융시장을 개방했기 때문이다. 즉, 자유시장경제의 퇴보가 아니라 발전을 향해 나아갔기 때문이다. 또한 이 지역이 제3세계에 돈을 빌려주고 싶어하는 국제금융업자들의 인기를 끌자 그들의 제안을 마다하지 않고 채무를 엄청나게 늘렸기 때문이기도 하다. 이러한 빚이 신뢰상실에서 비롯된 피드백을 금융위기로 증폭시켰고, 다시 반대로 피드백이 이루어지면서 위기의 악순환은 더욱 강도를 높였다. 빌려온 돈이 모두 엉터리로 낭비된 것은 아니다. 일부는 그랬지만 일부는 그렇지 않았다. 아시아 경제를 파멸로 이끈 것은 과거와 달리 달러로 빌린 새로운 채무였다.

에필로그: 2002년 아르헨티나

아르헨티나는 물론 아시아 국가가 아니다. 그러나 2002년에 아르헨티나는 아시아와 흡사한 위기를 겪었다. 아르헨티나는 널리 찬양을 받아온 경제 정책이 어떻게 한 나라를 한순간에 재앙으로 몰아넣을 수 있는지를 잘 보여주는 아픈 사례다.

아르헨티나 통화 정책의 역사는 앞서 제2장에서 자세히 살펴봤다. 오랜 세월 동안 방만하게 화폐를 남발하던 끝에 1991년 아르헨티나 정부는 통화위원회 제도를 실시함으로써 페소와 달러화를 1:1로 고정시켰다. 통용되는 페소는 모두 달러 보유고의 뒷받침을 받았다. 통화 안정을 통해 경제가 지속적 번영을 누리길 바란 것이다.

그러나 1995년 아르헨티나 경제는 붕괴 직전까지 갔다. 멕시코 위기의 여파로 은행들이 줄도산할 뻔한 것이다. 하지만 위기가 진정되자 신뢰는 다시 회복됐다. 외국의 전문가들은 아르헨티나 경제와 그 운영자들에게 찬사를 보냈다. 외국자본이 유입됐다. 대부분은 아르헨티나 기업과 개인들에게 제공된 달러 대출의 형태를 취했다.

하지만 1990년대 말이 되자 상황은 다시 악화되기 시작했다.

먼저, 페소와 달러를 1:1로 고정시킨 환율 시스템이 문제였다. 만약 아르헨티나가 멕시코처럼 미국과의 교역량이 대단히 많은 나라였다면 이러한 환율 체제는 큰 문제가 아니었을 수도 있다. 하지만 지도를 보자. 아르헨티나에서 미국은 유럽만큼이나 멀다. 실제로 아르헨티나는 미국보다 EU 회원국들이나 브라질과 더 많은 무역을 했다. 그리고 아르헨티나의 통화 체제는 –달러와 연동하는 탓에– 유로화나 브라질 통화인 레알화에 대해 안정된 환율을 보장해주지 못했다. 오히려 불필요한 환율 변동을 야기하는 경향이 있었고, 이로 인해 무역국으로서 아르헨티나의 위치도 불안정한 상태였다. 예컨대, 유로화 대비 달러 가치가 상승하면 아르헨티나 수출품이 유럽 시장에서 가격경쟁력을 잃게 되는 것이다.

1990년대 말로 접어들 무렵 아르헨티나에서 바로 이러한 상황이 발생했다. 유로화 대비 달러의 가치가 치솟아 1유로가 불과 0.85달러에 거래되기도 한 것이다.(이 글을 쓰는 현재 1.26달러인 것과 크게 대비된다) 다른 한쪽에서는 러시아 금융위기(제6장 참고)의 영향을 받아 브라질 레알화가 폭락했다. 이처럼 널뛰기하는 각종 환율이 복합적으로 영향을 미쳐 아르헨티나 수출품의 경쟁력에 큰 타격을 입혔고, 이후 아르헨티나 경기도 된서리를 맞았다.

아르헨티나 경제가 슬럼프에 빠지자 외국 투자자들도 자신감을 잃었다. 아르헨티나로 유입되던 자본은 방향을 돌려 다시 빠져나갔고, 신용경색이 초래되었다. 1995년과 마찬가지로 외국자본의 탈출은 은행위기를 불러왔다.

아르헨티나 정부는 커져가는 위기를 억누르기 위해 필사적으로 노력했다. 그들은 지출을 줄이며 해외투자자들의 신뢰 회복을 바랐지만 오히려 불황만 심화시킬 뿐이었다. 또한 은행예금의 인출을 제한했는데, 이는 국민들의 불만을 고조시켰고, 결국 주부들까지 가세한 항의 시위가 곳곳에서 일어나게 만들었다. 정부의 계획 중 어떤 것도 효과가 없어 보였다. 2001년 말 아르헨티나 정부는 1페소당 1달러의 고정환율제를 포기했다. 1페소는 1달러에서 약 30센트 수준으로 빠르게 곤두박질쳤다.

아시아의 경우와 마찬가지로 통화 하락이 가져온 초기 결과는 참담했다. 많은 아르헨티나 기업과 개인들이 달러 표시 채무를 갖고 있었기 때문에 페소화 대비 달러 가치의 상승은 그들에게 치명적인 손실을 안겨주었고, 많은 회사들의 줄도산을 야기했다. 아르헨티나 경제는 무너져갔다. 실질 GDP는 2001년에 4퍼센트, 2002년에는 11퍼센트 하락했다. 1998~2002년 사이에 전반적인 경제규모는 18퍼센트나 줄어들었다. 미국의 대공황 시기를 떠올리는 처참한 불황이었다.

이후 5년 간 아르헨티나 경제는 강력한 회복세를 띠었다. 특히 외채 1달러당 30센트만 상환하기로 한 협약이 중요한 역할을 했다. 당시 채무상환 협정을 보도한 로이터통신 기사의 다음과 같은 헤드라인이 인상적이었다. "아르헨티나의 '배째라'에 채권국들 울며 겨자 먹기" 하지만 부인할 수 없는 끔찍한 경험이었다. 안타깝게도 현재 아르헨티나의 하늘엔 또다시 경제위기의 먹구름이 가득하다.

더 본질적인 질문

이번 장의 일부 내용은 분명히 논쟁의 여지가 있으리라고 본다. 혹자는 모럴해저드의 직간접적 폐해가 훨씬 컸다고 주장할 테고, 반대로 다른 이들은 아시아 경제는 매우 탄탄했기 때문에 위기가 발생할 이유가 전혀 없었다고 단언할 것이다. 은행파산, 부동산 가격, 환율, 이자율 등은 각각 일정한 역할을 했고, 이러한 요소들이 복합적으로 작용해 만들어낸 위기의 정확한 메커니즘은 앞으로도 오랜 세월 논쟁거리로 남을 것이다. 확실한 결론에 이르기까지 수십 년이 걸릴지도 모른다. 그럼에도 불구하고, 일반적 맥락에서 나의 설명은 보편적 설득력을 지니리라 믿는다.

정말로 중요한 논쟁은 정책과 관련한 것이다.(이 뜨거운 논쟁은 종종 특정 인물을 둘러싸고 벌어지기도 한다. 정부의 위기 대응방식을 비판하는 사람들은 아울러 그 책임자도 함께 비판하기 때문이다) 정부는 왜 피해의 범위를 한정시키지 못했을까?

Chapter 05

부적절한 정책

1930년 12월, 당시 사태가 통상적인 경기후퇴가 아님이 분명해지자 존 메이너드 케인스는 일반 대중들에게 불황의 원인을 설명하려고 노력했다. 그는 "마그네토(magneto, 내연기관의 고압 자석발전기)가 고장 난 셈"이라고 단언했다. 이 말은 일면 급진적인 발언이었다. 경제 엔진이 혼자 힘으로는 다시 돌지 않을 테니 정부가 나서서 재시동을 걸어주어야 한다는 의미였기 때문이다. 그러나 케인스는 기본적으로 보수주의자였다. 그는 엔진의 문제가 근본적인 문제는 아니라고, 기술적 손질을 가해 고치면 된다고 주장했다. 당시 세계의 많은 지식인들은 자본주의가 실패한 체제라고 생각했다. 그들은 중앙계획경제로의 이행만이 서구사회를 대공황에서 구해낼 수 있다고 확신했다. 이에 대해 케인스는 자본주의는 운명을 다하지 않았으며 매우 제한적인 성격의 개입-사유재산권과 개인적 의사결정권을 훼손하지 않는 개입-으로 자본주의 체제를 다시 정상화시킬 수 있다고 말했다.

회의론자들의 예상을 뒤엎고 자본주의는 살아남았다. 하지만 이 생존은 기본적으로 케인스가 제안한 조건들에 기초한 것이었다.(오늘날의 자유시장 광신자들은 이 점을 인정하기 힘들지도 모른다) 제2차 세계대전은 케인스가 수년 간 역설해온 '재시동'의 동력을 제공했다. 그러나 자유시장에 대한 신뢰 회복은 단지 대공황 극복을 통해서 이루어진 것이 아니라 경기후퇴를 막기 위한 이자율 인하 또는 재정적자폭 확대와 같은 거시경제적 개입이 자유시장경제의 안정성을 어느 정도 유지하고 완전고용도 일정 부분 담보할 수 있다는 확신 때문이었다. 자본주의와 이를 믿는 경제학자들은 다음과 같은 논리로 대중과 일종의 거래를 성사시킨 셈이다. '우리는 두 번 다시 대공황이 없도록 방지할 방법을 충분히 알게 됐기 때문에 앞으로 자유시장은 아무런 문제도 없을 것이다.'

이 암묵적 거래에는 이름도 붙었다. 1950년대에 폴 새뮤얼슨(Paul Samuelson, 1970년 노벨경제학상 수장자－옮긴이)이 자신의 유명한 저서(1955년 출간된 『경제학』 제3판을 뜻한다－옮긴이)에서 처음 쓴 '신고전파종합'(neoclassical synthesis)이란 말이 그것이다. 그러나 나는 '케인스 계약'(Keynesian compact)이라는 말을 더 선호한다.

미국을 비롯한 대부분의 선진국에서 이 계약은 여전히 유효하다. 물론 종종 경기후퇴는 찾아온다. 그러나 경기가 침체되면 사람들은 연방준비제도이사회가 1975년과 1982년, 그리고 1991년에 했던 바와 같이 이자율을 내려 경제를 회생시키는 조치를 취하리라고 기대한다. 아울러 이 과정에서 필요하다면 대통령과 의회가 세금은 낮추고 지출은 늘릴 것이라고 기대한다. 경기가 후퇴하는데 세금을 올리고 지출을 줄이며 이율을 높이는 허버트 후버 방식의 대처가 나오리라고 생각하는 사람은 아무도 없다.

그러나 아시아에 금융위기가 닥쳤을 때 이 나라들이 내놓은 대책은 불황기 미국의 그것과는 거의 정반대였다. 정부의 긴축재정은 전반적인 추세였고, 이자율은 때때로 가혹하다 싶을 만큼 올라갔다. 아시아 각국의 정책 결정자들이 어리석거나 엉뚱한 정보를 갖고 있었기 때문은 아니다. 반대로 이들 경제관료 대부분은 케인스 계약에 관해 매우 잘 알고 있었고, 오히려 과거에는 이 이론을 따르려고 노력했던 터였지만, 위기가 닥치자 그들은 자국 정책의 상당 부분이 워싱턴의 관리감독 아래에서 움직일 수밖에 없다는 사실을 깨달았다. IMF와 미국 재무부 말인데, 이들 기관의 브레인은 말 그대로 혀를 내두를 수준으로, 역사상 이토록 많은 일급 경제학자들이 이토록 엄청난 권력을 지닌 자리에 앉았던 적은 없었다.

이렇게 똑똑하고 뛰어난 사람들이 왜 문제가 발생한 신흥 경제국들에 대해 일반적 경제이론에서 크게 엇나간 해법을 제시했을까? 간단한 대답은 '투기꾼의 두려움'이다. 그러나 이 대답은 전체적 맥락 안에서만 의미를 이해할 수 있다. 특히 국제통화체제의 딜레마를 이해해야 한다.

국제통화체제는 왜 확립되지 않았을까?

옛날 옛적에 세계는 단일통화를 갖고 있었다. 이 통화의 이름은 '글로보'였다. 관리 체계도 매우 훌륭했다. 앨런 글로브스펀 의장이 지휘하는 글로벌준비은행(줄여서 '글로브'라고 했다)은 세계가 경기후퇴 국면으로 들어설 위험이 보이면 글로벌 통화의 공급을 늘리고, 인플레이션의 징후가 보이면 공급을 줄이는 등 멋지게 직무를 수행했다. 훗날 글로보의 시대를 황금기로 기억하는 사람이 있을 정도였다. 특히 기업인들이 이 체제를 좋아했는데, 세계 어디서든 별 어려움 없이 장사를 할 수 있었기 때문이다.

그러나 낙원에도 문제는 있는 법이다. 글로보를 신중하게 관리했기 때문에 큰 틀의 세계에서는 경기의 파도를 잠재울 수 있었지만, 개별 국가들의 입장은 달랐다. 통화정책을 놓고 이해관계가 충돌하는 경우도 빈발했다. 유럽과 아시아에 불황의 먹구름이 끼자 글로브는 돈의 양을 늘렸지만 이로 인해 북미에서는 엄청난 투기 붐이 일기도 했다. 또 북미의 인플레이션을 잠재우기 위해 돈을 줄이자 남미의 불경기가 악화되었다. 대륙별 통화가 없었기 때문에 각 대륙의 정부들은 어떻게 해볼 도리가 없었다.

결국 혼란이 극심해지면서 이 체제가 깨지는 순간이 오고야 말았고, 각 나라는 글로보 대신에 독자적인 통화를 도입했다. 그리고 각자의 필요에 따라 통화정책을 펴는 쪽으로 나아갔다. 유럽 경제가 과열되면 유로의 공급을 줄였고, 라틴아메리카가 불황에 빠지면 라티노의 공급을 늘렸다. 억지로 하나의 기준에 맞추는 단일통화 정책이 사라진 것이다.

그러나 얼마 지나지 않아 또 다른 문제가 발생했다. 이번엔 널뛰기하는 환율이 문제의 원인이었다. 어떤 환율, 예를 들어 라티노와 유로의 환율은 무역상의 수요에 따라 결정되는 것이었다. 유럽 상품을 사려는 남미 사람은 라티노를 유로로 바꾸어야 했고, 반대의 경우도 마찬가지였다. 그런데 얼마간 시간이 지나자 외환시장은 주로 투자자들, 그러니까 주식과 채권을 사기 위해 통화를 사고파는 사람들이 쥐락펴락하게 되었다. 또한 이러한 투자 수요는 투기의 성격이 짙었기 때문에 통화가치 역시 불안해졌다. 더 나아가 이들은 통화 자체의 가치마저 투기의 대상으로 삼기 시작했다. 그 결과 환율이 큰 폭의 등락을 반복했고, 이로 인해 기업환경은 불확실해졌으며, 기업들은 해외에 있는 자산과 부채가 실제로 얼마만큼의 가치를 지니는지 알 수 없었다.

이러한 폐해를 막기 위해 일부 대륙에서는 환율을 안정시키려는 시도를 했다. 유럽 대륙은 아프로화 대비 유로화의 가치를 방어하기 위해 외환시장에서 바삐 움직였고, 다른 대륙들도 모두 자신의 통화를 방어하기에 정신이 없었다. 한편 중앙은행들은 필요에 따라 목표 환율을 바꿀 권한을 지녔다. 예를 들어, 실업 해소를 위해 필요하다면 자국 통화의 가치를 절하할 수도 있었다.

그런데 이러한 '조정가능 고정환율제도'(adjustable peg system)는 투기꾼들의 공격에 취약했다. 경제적 어려움에 봉착한 한 대륙에서 만약 평가절하의 기미가 보이면 투기꾼들은 하락세를 점치고 그 대륙의 통화를 팔기 시작했다. 그러면 해당 중앙은행은 이자율을 올리든가 즉각 평가절하를 단행해야 하는 입장이 되었다. 그러나 이자율 상승은 불황에 기름을 붙는 격이 될 터였다. 다른 선택을 할 수도 있었다. 투기꾼들에 대한 직접적인 공격, 즉 자본이동에 제한을 가하는 것이었다.

이제 각 대륙은 세 가지 통화제도 가운데 하나를 선택해야만 하는 처지에 몰렸다. 그런데 이 셋은 저마다 심각한 결점을 지니고 있었다.

먼저, 독자적 통화정책을 고수하면서 환율변동을 감수하는 방법이 있었다. 이 방법을 택하면 경기후퇴와는 얼마든지 맞서 싸울 수 있는 대신에 기업 활동 환경에 불확실성이 조성된다는 단점이 있었다. 아니면 환율을 고정시킨 후 평가절하는 절대로 없을 것임을 공언하는 방법이 있었다. 그러면 기업활동은 더 편하고 안전해지겠지만 억지춘향식 단일통화정책의 문제점이 다시 불거질 게 뻔했다. 이것도 아니면 조정가능 고정환율제를 유지하는, 즉 환율은 고정하되 이것을 변동시킬 권리를 보유하는 방법이 있었다. 그러나 이 정책은 자본이동에 대한 통제력을 유지할 때에만 유효할 터인데, 이것이 말처럼 쉬운 일은 아니었다. 또한 이 제도는 기업에 추가비용을 떠안길뿐더러, (이익발생 가능성이 있는 거래를 금지할 경우에 으레 그렇듯) 부패의 원천이 될 수도 있었다.

자, 이쯤에서 이야기를 정리해보자. 물론 글로보는 허구의 통화다. 글로보 체제와 가장 가까웠던 것이 1930년대 이전의 금본위제다. 금본위제는 불운하게도 세계적인 경기변동을 막을 만큼 적절히 관리되지 못했다. 그러나 지금까지 살펴본 가상의 역사는 글로벌 경제 속에서 각 국가들이 직면한 '3각 딜레마'를 분명하게 보여준다.

이렇게 생각해보자. 거시경제 관리자들이 원하는 것은 세 가지다. 그들은 통화정책에 대한 재량권을 원한다. 경기후퇴를 막고 인플레이션을 잡기 위해서다. 그들은 안정된 환율을 원한다. 그래야 기업이 너무 큰 불확실성에 노출되지 않을 수 있다. 또한 그들은 자유로운 국제 비즈니스를 원한다. 민간 부문을 방해하지 않겠다는 의미다. 특히 원하는 외환을 쉽게 바꿀 수 있어야 한다.

글로보와 그 소멸의 이야기는 우리에게 세 가지 소원을 다 이룰 수는 없음을 말해준다. 잘해야 두 가지를 이룰 수 있을 뿐이다. 먼저 환율의 안정을 포기할 수 있다. 미국이나 호주처럼 변동환율제를 택한다는 뜻이다. 아니면 통화정책의 재량권을 포기할 수도 있다. 1990년대의 아르헨티나처럼 고정환율제를 택하거나 현재의 유럽처럼 개별국 통화를 포기하는 것이다. 그것도 아니면 완전자유시장의 원칙을 포기하고 자본통제를 가하는 방법도 있다. 이것은 1940~60년대 사이에 대부분의 나라들이 택했던 방법이다. 중국은 지금도 이렇게 하고 있다.

이 세 가지 불완전한 답 가운데 최선은 무엇일까? 개중에는 안정된 환율로부터 얻는 이익이 크다며 독자적 통화정책의 이익이 과대평가되고 있다고 생각하는 사람도 있다. 그들은 한 대륙에 걸쳐 있는 큰 나라 미국이 한 가지 통화로 잘 운영되고 있다는 사실을 근거로 내세운다. 또한 약 3억 명의 유럽인들이 단일통화체제를 출범시킨 사실을 언급하면서 전 세계가 단일통화를 쓰는 게 왜 안 되느냐고 묻는다. 그러나 대부분의 경제학자들은 미국이 하나의 통화로 충분한 이유는 이 나라가 지닌 독특한 특성들 때문임을 지적할 것이다. 대표적 특성은 노동력이 불황인 한 지역에서 호황인 다른 지역으로 빠르게 이동할 수 있다는 점인데, 그렇기 때문에 한 가지 통화정책으로도 어느 정도 전체를 관리할 수 있는 것이다. 범유럽 통화인 유로화의 도입을 놓고도 많은 논란이 있었다. 많은 경제학자들은 유럽이 과연 미국처럼 하나의 통화에 적합할지에 관해 의문을 제기했다. 그러나 유럽 주요 국가들의 경제는 서로 비슷한 모습에 매우 밀접한 연결을 맺고 있다. 따라서 대부분의 경우, 프랑스에 적합한 통화정책이라면 독일에도 적절하며, 그 반대도 마찬가지다. 그러나 일본과 미국에 함께 알맞은 통화정책을 찾기란 매우 어려울테며, 미국과 아르헨티나의 경우라면 두말할 필요도 없다. 따라서 금본위제 시절을 향수하는 경제학자는 거의 없다고 할 수 있다. 글로보와 같은 세계단일통화의 실현을 꿈꾸는 전문가도 거의 없다. 국가 단위든 지역 단위든 통화 독립은 여전히 필요한 명제다.

반면, 전후 첫 세대 동안 선진국들이 케인스주의 정책과 고정환율제를 결합해 실시했던 자본통제는 이제 너무 낡은 방법이 되고 말았다. 이러한 통제의 근본적 문제는 '좋은' 국제거래와 '나쁜' 국제거래를 구별하기 어렵다는 점이다. 평가절하를 통해 이익을 얻으려고 말레이시아에서 돈을 빼낸 투기꾼들의 행동은 반사회적이다. 반면, 선구매 후지불 조건으로 해외 바이어를 유치한 말레이시아 수출업자는 자국 상품의 해외시장 진출에 기여한 것이다. 그런데 이 수출업자가 링깃화(말레이시아 통화)의 평가절하를 예상해 결제대금은 달러로 받되 결제일을 일부러 뒤로 미뤘다고 치자. 이것은 암시장에서 링깃화로 달러를 산 것과 같은 효과를 낸다. 이처럼 생산적 비즈니스와 환투기 사이의 구별이 모호한 사례는 무척 많다. 우리는 다음과 같은 두 가지 사실을 유추할 수 있다. 첫째, 투기를 통제하려는 정부의 시도는 쉽게 피해 갈 수 있다. 둘째, 정부가 평범한 거래에도 부담스럽고 귀찮은 규제를 가해야만 투기를 제한할 수 있다.(예를 들어, 수출업자가 바이어에게 제공할 수 있는 신용에 제한을 가하는 것이다) 50년쯤 전만 해도 대부분의 정부는 이런 규제가 바람직하다고 생각했다. 그러나 지금은 자유시장의 장점을 다시 깨달은 시대다. 정부의 개입에 의심의 눈초리를 보내며, 특히 제한과 금지가 많을수록 뇌물과 '봐주기'도 만연하기 쉽다는 점을 분명히 인식하고 있다.

따라서 자유롭게 변동하는 환율제도만이 남게 된다. 1990년대 중반이 되면서 대부분의 경제학자들은 자유변동환율제를 그래도 세 가지

악 가운데 최선으로 여기게 되었다. 경제 펀더멘털을 감안할 때 환율이 마땅히 그럴 법한 수준보다 훨씬 더 심하게 등락하는 모습을 자주 보인 것은 사실이다.(지난 15년 간 1달러 당 엔화의 환율은 120엔에서 80엔으로 내렸다가 다시 150엔으로 오르고, 또 110엔 아래로 내려가는 등 춤을 추었다. 이때 펀더멘털에 중요한 변화는 거의 없었다) 그리고 대체적으로 변동환율제를 선호하는 사람들소차 '최적 통화 지역'(optimal currency area)을 형성하는 매우 밀접하게 통합된 지역들은 궁극적인 의미의 고정환율제, 즉 단일통화로 나아가야 한다고 생각한다.(과연 유럽이 이런 지역에 해당하는가는 또 다른 문제다) 하지만 일반적으로 말해 변동환율제는 대부분의 경제학자들, 특히 자유시장과 완전고용정책 추구에 도움이 된다는 점에서 케인스 계약을 옹호하는 사람들이 선호하는 대안이다.

변동환율제의 장점은 (제대로 작동한다면) 쉽게 파악할 수 있다. 미국은 외환시장에서 달러의 가치에 대해 대체적으로 무신경한 반응을 보여왔고, 이것은 국가 운영에도 긍정적이었다. 달러 대 엔화, 달러 대 유로화의 환율은 성가신 등락을 반복하겠지만 FRB(연준)는 환율을 반드시 지켜내야 할 필요가 없기 때문에 경기후퇴나 금융위기의 조짐이 보인다 싶으면 즉각적으로 이자율을 내릴 수 있는 엄청난 자유를 갖게 됐으며, 여기에 비하면 환율 변동으로 인한 짜증은 사소한 문제다.

더 좋은 예가 아시아 금융위기 당시 호주의 모습이다. 1996년에 1호주달러는 대략 미화 80센트의 가치를 지녔다. 그러던 것이 1998년 여름이 끝나갈 무렵에는 60센트 정도로 떨어졌다. 당연한 결과였다. 호주의 주요 수출시장은 일본이나 어려움을 겪고 있던 아시아의 '호랑이'들이었기 때문이다. 그러나 이 나라가 헤지펀드들의 공격을 받고 있는 듯 보였던(여기에 관해서는 다음 장에서 상세히 다루겠다) 그해 여름의 단기간을 제외하고 호주 정부는 외환시장에서 호주달러를 사들이거나 이자율을 올리는 등 자국 통화를 방어하기 위한 노력을 하지 않았다. 대신, 호주달러의 하락은 자기제한적이라는 사실이 드러났다. 즉 호주달러의 가치가 떨어지자 투자자들은 이를 그들이 건실한 경제라고 생각하는 곳(호주를 뜻함-옮긴이)에 투자할 좋은 기회로 여겼던 것이다. 이러한 자신감은 '호주의 기적'으로 정당화되는 듯 보였다. 호주는 아시아 시장에 대한 의존성이 높음에도 불구하고 아시아 위기가 한창일 때 사실상 호황을 누렸다.

이처럼 호주는 주변국들의 재앙에 휩쓸리지 않았는데 인도네시아나 한국은 왜 그러지 못했을까?

투기의 위협

바람직하지 않은 상태의 경제를 상상해보자. 이를테면 정부가 재정적자를 내고 있는데, 이것이 지불능력을 위협하는 수준은 아니지만 마땅히 그래야 하는 정도보다 낮은 수준의 회복세를 보이거나, 또는 은행들이 정계와 결탁해 부실대출을 너무 많이 해준 그러한 경제를 상상해보자. (현실의 변수를 제하고) 숫자상으로만 계산하는 한, 현재의 신용상태나 여러 해 계속되고 있는 안정세를 감안하면 해결 못 할 문제란 거의 없다.

이때 어떤 이유에서인지(다른 나라의 경제위기 때문일 수도 있다) 투자자들이 잔뜩 긴장하더니 한꺼번에 자금을 빼내가기 시작한다. 갑자기 한 나라가 곤경에 처한다. 주식시장은 급락하고 이자율은 급등한다. 혹자는 '지각 있는 투자자라면 이때를 매입의 기회로 삼을 것'이라고 생각할지도 모른다. 펀더멘털에 큰 변화가 없다면 자산이 저평가되고 있다는 뜻이 아니겠는가? 그러나 제4장에서 살펴보았듯이 반드시 그런 것만은 아니다. 자산가치의 급락은 건실한 은행들의 붕괴를 초래할 수 있다. 경기후퇴와 높은 이율, 환율 급변 등으로 인해 튼튼한 기업들이 파산할 수도 있다. 최악의 상황은 경제 혼란으로 인한 정치 불안이다. 다들 출구를 향해 도망치고 있는 상황에서 매입은 좋지 않은 생각일 수도 있다. 결국 당신도 탈출하는 편이 더 나을지 모른다.

원칙적으로 한 나라에 대한 신뢰상실은 그 나라에 경제위기를 가져올 수 있고, 이 경제위기는 다시 신뢰상실을 정당화한다. 이러한 나라들은 경제학자들이 '자기입증형 투기 공격'이라고 부르는 것에 취약하다. 과거에는 자기입증형 위기의 중요성에 대해 회의적인 경제학자들이 많았다. 그러나 1990년대 남미와 아시아의 위기는 이를 분명한 문제로 자리 잡게 하거나, 최소한 실제적인 문제로 취급하도록 만들었다.

재미난 점은, 일단 사람들이 자기입증형 위기의 가능성을 진지하게 받아들이기 시작하면 시장심리가 상황을 지배하게 된다는 사실이다. 투자자들의 기대치, 심지어 편견까지도 경제 펀더멘털의 하나가 돼버린다. 믿음이 사태를 만드는 것이다.

호주를 예로 들어보자. 이 나라는 외국자본에 대한 의존도가 높은 나라다.(수십 년 동안 GDP의 4퍼센트 이상 수준으로 경상적자를 냈다) 그럼에도 불구하고 모든 사람들이 호주 경제의 기초 체력을 믿는다고 가정해보

자. 정치적으로나 경제적으로 안정된 나라라고 말이다. 그러면 설령 호주달러가 하락한다고 해도 투자자들은 반등에 대한 기대로 호주달러를 매수하고, 그러면 해당 경제는 실제로 이득을 얻게 된다. 시장의 신뢰가 확인을 받는 셈이다.

반면, 20여 년의 놀라운 발전에도 불구하고 사람들이 인도네시아에 대해 정치·경제적으로 혼란한 나라라는 이미지를 버리지 못한다고 치자. 이럴 때 루피아화 가치가 떨어지면 사람들은 "이런, 인도네시아가 끔찍한 옛날로 돌아가고 있어"라고 말할 것이다. 그 결과 자본유출이 발생하고, 이는 금융과 경제, 더 나아가 정치적 위기로 이어진다. 시장의 불신을 확인받는 셈이다.

다시 말해 케인스 계약이 항상 유효한 것은 아니라는 얘기다. 변동환율제가 불완전하다 하더라도 (앞서 살펴본) 세 가지 대안 중 최선이라는 경제학자들의 공통된 견해는 영국이나 미국, 캐나다와 같은 나라들의 경험에 기초한 것이다. 멕시코와 태국, 인도네시아, 한국 등은 1990년대 위기를 겪으며 자신들이 다른 룰의 적용을 받는다는 사실을 깨달았다. 적절한 평가절하를 통한 대처는 신뢰의 극적인 붕괴로 이어질 뿐이었다. 바로 이러한 신뢰의 문제가 케인스 계약이 깨진 이유를 궁극적으로 설명해준다.

신뢰 게임

1998년 여름에 브라질은 이미 경기후퇴를 겪고 있었다. 브라질 물가가 안정을 되찾으며 고질적인 인플레이션은 잡혔지만 실업률 상승에다 일부에선 디플레이션에 대한 우려의 목소리까지 터져 나왔다. 게다가 러시아의 경제개혁 실패는 브라질 레알화에 대한 공격의 시발점이 됐다.(그 이유에 관해선 제6장 참고) 브라질은 서둘러 미국과 IMF에 지원을 요청했다. 브라질이 원한 것은 돈이었지만, 더욱 중요한 한 가지가 있었다. 브라질 정부는 자국 정책에 대한 일종의 '품질인증'을 받길 원했다. 투자자들이 불안에 휩싸여 탈출하는 사태를 막기 위해 그들을 설득할 무언가가 필요했기 때문이다. 브라질은 워싱턴에 경제안정책을 실시하겠다고 약속했다.

어떤 정책들이 나왔을까? 경제가 둔화되고 있긴 하지만 인플레이션은 없는 나라에 어떤 정책을 제안할 수 있을까? 바로 세금 인상과 정부지출 삭감, 그리고 극단적으로 높은 이자율의 고수(위기가 시작됐을 때 브라질은 이미 이자율을 50퍼센트 근처까지 올린 바 있다)였다. 즉, 브라질 정부는 극단적 금융긴축정책을 실시했고, 이것은 1999년의 심각한 경기후퇴로 이어졌다.

브라질을 위한 처방은 실로 매우 극단적이었다. 앞서 아시아 국가들을 대상으로 한 정책들의 캐리커처를 보는 것 같았다. 그러니까 이들 정책의 핵심적 특징만을 강조한 것이다. 워싱턴이 경제위기를 맞은 여러 나라들에 제안한 정책의 핵심에는 케인스 계약을 거의 완벽하게 뒤집는 내용들이 포함돼 있었다. 이율과 세금은 올리고 정부지출은 줄이라고 강하게 요구한 것이다.

왜 케인스 이후 60년이 지난 다음에야 케인스 계약과 철저히 결별하는 편이 좋다고 생각하게 되었을까? 그 대답은 어떻게 해서라도 시장의 신뢰를 얻어야 한다는 필요 위에 놓여있다.

먼저 호주식 해결책 즉 통화하락을 방치하는 방법은 배제되었다. 그동안 레알화와 달러 사이의 고정환율제는 브라질 경제개혁의 핵심이었다. 이 정책 덕분에 수십 년 동안의 높은 인플레이션을 끝내고 물가 안정을 이룰 수 있었다. 브라질과 워싱턴은 모두 고정환율제를 포기할 경우 투자자들의 신뢰가 무너질지도 모른다는 두려움에 사로잡혀 있었다. 사실 누구라도 레알화가 예컨대 20퍼센트 과대평가되어 있으니 20퍼센트의 평가절하를 단행하면 브라질에 손해보다는 이익이 더 많을 거라고 주장할 수 있었다. 그러나 아무도 20퍼센트의 평가절하를 채택 가능한 전략으로 생각하지는 않았다. 한 미국 관리는 이렇게 말했다. "개발도상국에서 소규모 평가절하는 있을 수 없다."

그럼 레알화의 평가절하를 피할 방법은 무엇이었을까? 만약 IMF가 돈을 대면 브라질은 이 돈을 외환보유액과 합쳐 외환시장에서 자국 통화를 방어하는 일에 사용할 수 있었다. 그러나 자본유출을 막을 적절한 조치를 취할 수 없다면 이 돈은 금방 사라지고 말 터였다. 당장 사용이 가능한 유일한 수단은 매우 높은 이자율을 부과하는 것이었다. 레알화의 평가절하가 예상된다 할지라도 투자자들이 브라질에 돈을 그대로 두도록 유도하기에 충분할 만큼 이자율을 높여야 했다.

그런데 현실과 기대는 달랐다. 투자자들은 브라질이 매우 위험한 투자처라고 판단하며 그 근거로 대규모 재정적자를 언급했다. 물론 의견을 달리하는 사람도 있을 것이다. 사실 브라질 정부의 채무는 그리 많지 않았다. 국민소득 대비 비율로 따지면 유럽의 많은 나라들이나 일본보다도 훨씬 적은 수치였다. 그리고 이 적자의 상당 부분이 사실상 경제위기의 결과물이었다. 경기불황으로 세수가 줄어든 한편, 고리 때문에 정부의 이자 지급액은 크게 늘어난 것이다. (고용과 금리가 '정상적인' 수준이었다면 브라질의 적자는 그저 적절한 수준이었을 것이다.) 하지만 아무런 소용도 없는 사실이었다. 투자자들은 정부가 빨리 적자를 해결하지 않으면 브라질이 끔찍한 경제위기를 맞을 것이라고 믿었고, 그들은 옳았는데, 왜냐하면 그들 스스로가 닥쳐올 위기를 만들 것이었기 때문이다. (1999년 1월에 위기는 현실화되었다.)

요점은 다음과 같다. 투기적 공격은 자기정당화 논리로 굴러갈 수 있기 때문에 펀더멘털에 근거한 합리적인 정책이 꼭 시장의 신뢰를 담보하지는 않는다는 점이다. 사실 신뢰를 얻어야만 한다는 필요 때문에 상식적인 정책을 펴지 못할 수도 있고, 나아가 정도를 벗어난 정책을 내놓기도 하는 것이다.

이번에는 워싱턴에서 정책을 결정하는 저명한 경제학자들의 관점에서 상황을 검토해보자. 그들은 투자신뢰도가 낮은 나라들에 대한 해법을 놓고 고민 중이다. 미국이나 IMF에 도움을 요청한 나라들의 대다수가 이미 자국 통화의 폭락을 경험했고, 또다시 그럴 위험에 직면해 있다. 최우선 과제는 시장의 흥분을 달래는 일이다. 그러나 위기라는 것은 자기입증적일 수 있기 때문에 건전한 경제정책만으로는 시장의 신뢰를 얻기에 역부족이다. 시장의 관점과 편견, 변덕을 만족시키는 정책이 나와야만 한다. 즉 (바라건대) 시장의 관점이 어떻게 전개될지를 미리 파악해 영합해야 하는 것이다.

바로 이런 과정을 통해 케인스 계약이 깨졌다. 국제경제정책이 경제학과는 거의 상관없게 되어버린 것이다. 이제 국제경제정책은 아마추어 심리학의 연습장이 되었다. IMF와 미 재무부는 시장이 호응할 수 있는 일을 하라고 각 나라들을 설득했다. 경제위기가 닥치자마자 경제학 교과서를 내팽개친 것도 전혀 놀랄 일은 아니었다.

그러나 불행히도 교과서에서 언급되는 문제들이 사라진 것은 아니었다. 워싱턴이 옳다고 해보자. 투자자들의 패닉에 겁을 먹은 한 나라가 위기를 피하기 위해 이율을 올리고 지출을 줄이고 통화를 방어한다고 해보자. 그래도 금융긴축정책에 고평가된 통화가 합쳐지면 경기후퇴를 야기한다는 사실엔 변함이 없다.

워싱턴은 어떤 치유책을 내놓을까? 아무것도 없다. 단지 신뢰 게임의 필요성이 경제정책의 정상적인 관심사들보다 우위를 점하고 있을 뿐이다. 이건 미친 짓이다.

우리는 앞서 제4장의 말미에 나왔던 미스터리를 풀었다. 한 나라에 이어 다른 나라가 연속으로 무너지는 무서운 피드백 과정을 왜 정책으로 해결하지 못했는가 하는 문제 말이다. 그 해답은 정책 결정자들이 신뢰 게임을 해야 한다고 믿었기 때문이며, 이것은 불황을 치유하기는커녕 오히려 더 악화시키는 거시경제 정책들이 뒤따른다는 것을 의미했다.

그런데 이 게임이 정말로 필요했던 것일까?

IMF가 상황을 더욱 악화시켰나?

IMF를 좋아하는 사람은 아무도 없다. IMF와 교류를 원한다면, 이것은 별로 좋은 징조가 아니다. IMF는 각국 정부가 기댈 최후의 피난처다. 어려울 때 돈을 꾸러 가는 곳이다. 그리고 이 피난처의 주인은 모진 사랑을 베풀기 마련이다. 당신이 원하는 것이 아니라 필요한 것을 주고, 이 과정에서 당신이 정신을 바짝 차리도록 극기훈련을 시킨다. 만약 IMF가 따뜻하고 인자하다면 제대로 일을 하고 있는 것이 아니다.

하지만 이 반대라고 해서 꼭 옳은 것만은 아니다. 사람들이 IMF를 싫어한다고 해서 IMF가 반드시 제대로 일하고 있다는 뜻은 아니라는 거다. 아시아 위기 이후 IMF의 역할에 대해 많은 불만의 소리가 터져 나왔다. 또한 많은 사람들은 IMF(그리고 IMF의 정책 대부분을 배후에서 관리·감독하는 미 재무부)가 사실상 이번 위기를 일으켰다고, 또는 IMF가 위기를 잘못 다루어 필요 이상으로 악화시켰다고 생각한다. 이것은 옳은 생각일까?

쉬운 부분부터 시작하자. 분명히 IMF가 잘못한 점이 두 가지가 있다.

첫째, IMF는 태국과 인도네시아, 한국의 상황에 개입하며 정부의 긴축재정을 서둘러 요구했다. 세수 증액과 지출 삭감을 통해 대규모 재정적자를 피하라는 것이었다. IMF를 제외하고는 아시아의 누구도 (1년 후 브라질에서와는 달리) 재정적자를 중요한 문제로 간주하지 않았기 때문에 왜 이러한 정책을 요구하는지 이해하기 힘들었다. 그런데 이 지침은 이중으로 부정적인 결과를 가져왔다. 지침을 따른 나라에선 곧 수요 감소로 인해 불황이 악화되었다. 반대로 지침을 따르지 않은 나라에선 사태가 손쓸 수 없을 지경이 됐다는 의심이 시장의 패닉 현상을 부채질했다.

둘째, IMF는 타격을 입은 경제에 돈을 빌려주는 조건으로 '구조조정'을 요구했다. 통화 및 재정 정책 훨씬 이상의 변화를 요구한 것이다. 부실 은행 퇴출 같은 일부 개혁은 금융위기에 대한 적절한 대응인가 하는 점에서 논란의 여지가 있었다. 다른 개혁, 예를 들어 인도네시아에서 대통령의 족벌에게 특혜성 독점을 주는 관행을 폐지하라고 요구한 일은 사실상 IMF 권한 밖이었다. 정향나무(인도네시아에서 담배의 첨가물로 널리 쓰인다)에 대한 독점이 나쁜 것은 사실이고, 동시에 정실자본주의의 표본이기는 했지만, 이것이 루피아화 투매와 무슨 관련이 있단 말인가?

이 무렵 만약 IMF 관리들에게 대체 무슨 일을 하는 거냐고 물었다면 아마도 "이것이 다 신뢰를 재구축하는 과정의 하나"라는 답이 돌아왔을 것이다. 재정적자는 당시 시장의 관심사가 아니었다. 그러나 그들은 곧 그렇게 되리라고 생각했다. 또한 그들은 각국 정부가 정실주의(친분 있는 사람 봐주기) 및 부패와 맞서 싸우는 모습을 확실히 보여주는 것이 중요하다고 생각했다. 정말로 변화한 모습을 시장에 보여 납득시켜야 한다는 것이다. 각국 정부가 스스로에게 고통을 가함으로써 진지함을 보여야 한다는 견해와 다를 바 없었다. 이 고통이 당면한 문제들과 직접적인 연관이 있는가 하는 것은 또 다른 문제였다. 오직 그렇게 해야만 시장의 신뢰를 회복할 수 있다는 논리였다.

이러한 IMF의 생각이 실제로는 틀렸음이 드러나고 있다. 재정적자와 관련된 지침들은 점차 완화되었고, 여기에 신경을 쓰는 사람도 없었다. 한국에서는 구조조정의 여세가 꺾였음에도 불구하고 시장은 다시 강세로 돌아섰다. 한편, (미국이 자국의 이데올로기적 비전을 아시아에 강요하기 위해 당시 위기를 이용하고 있었다는 의혹은 제쳐놓고라도) IMF의 엄격한 요구에 대해 아시아 국가들은 몹시 불만스럽다는 입장이었다. 그러는 동안 신뢰의 위기는 점점 심각해지고 있었다.

결국 IMF는 구제책 가운데 중요한 두 가지를 망쳐버리고 말았다. 그러나 정말로 중요한 문제는 이자율과 환율이었다. 이것들은 어떻게 되었을까?

IMF가 한 일은 다음과 같다. 아시아의 경우에 IMF는 (장차 브라질의 경우와는 반대로) 무슨 수를 써서라도 각국의 통화가치를 방어하라고는 하지 않았다. 대신 각국 정부에 이자율을 올리라고 했는데, 그것도 처음에는 매우 높은 수준을 요구했다.(이런 측면에서 나는 IMF가 브라질에 제시한 정책이 마치 앞서 아시아에 내놓았던 정책들의 캐리커처 같았다고 말한 것이다) 투자자들의 돈을 묶어두려는 시도였다. 하버드대학교의 제프리 삭스Jeffrey Sachs처럼 IMF를 목소리 높여 비판하는 사람들은 이것이야말로 엉뚱한 일이라고 주장했다. 삭스는 아시아 국가들도 호주처럼 행동할 수 있고, 또 그래야 한다고 믿었다. 해당 통화가 투자자들 눈에 싸게 보일 때까지 하락하도록 내버려두어야 하며, 만약 그렇게 했다면 엄청난 불황은 오지 않았을 것이라는 얘기다.

이 주장에 대한 IMF의 대답은 아시아는 호주가 아니라는 것이었다. 통화하락을 그대로 용인했다면 '초평가절하'(hyper-devaluation)로 이어졌을 것이고, 결과는 대규모 금융 불안(많은 기업들이 달러 표시 채무를 갖고 있었기 때문에)과 천정부지로 치솟는 인플레이션이었을 거라는 반박이다. 물론 이 논리에는 문제가 있다. 높은 이자율과 이로 인한 경기후퇴 때문에 대규모 금융 불안이 실제로 일어났기 때문이다. 결국 IMF는 기껏 하나의 악순환을 막은 대가로 다른 악순환을 유발했을 뿐이다.

이러한 관측은 IMF에 대한 보수적 비판자들의 주장 근거도 무너뜨리고 있다. 어떤 희생을 치르더라도 원래 환율을 지켜내라고 권고했어야 했다는 것이 그들의 목소리다. 그러면 아시아 '통화'에 대한 신뢰 붕괴를 막을 수 있었을 거라는 말이다. 하지만 아시아 '경제'에 대한 신뢰 붕괴를 막는 데에는 아무 소용이 없었을 것이고, 그러면 어차피 경제 붕괴는 일어났을 것이다.

그렇다면 차라리 통화가 하락하도록 그대로 내버려두는 편이 더 나았을까? 제프리 삭스는 만약에 이자율을 올리지 않았다면 금융 패닉의 촉진은 피할 수 있었을 것이라고 주장했다. 그리고 그랬다면 비교적 견딜 만한 평가절하와 훨씬 나은 경제적 결과를 얻었을 것이라고 말했다. 아시아 위기가 일어났을 당시 나를 포함한 많은 사람들의 지지를 받지 못했던 이 주장은 1999년 1월에 워싱턴의 브라질 해법이 확실히 실패한 것으로 판명나자 더 많은 지지를 얻게 됐다. 여기에 관해선 제7장에서 자세히 다룰 예정이다.

어쨌든 현재의 결론은 별다른 선택의 여지가 없었다는 것이다. 국제금융시스템의 원칙들은 많은 나라들에 탈출구를 제공하지 못했던 것 같다. 그리고 사태가 그토록 악화된 것은 사실 누구의 잘못도 아니었다.

물론 그렇다고 해서 악당이 전혀 없었다는 뜻은 아니다.

Chapter 06

세계를 움직이는 세력

–헤지펀드의 실체

여러모로 힘들었던 그 옛날, 그러니까 자본주의가 승리를 거두기 전에는 사악한 투기꾼의 모습이 대중문화의 약방감초였다. 엄청난 돈을 가진 그들은 시장을 조종해 정직한 노동자들의 땀을 빼앗는 악당이었다. 그러나 공산주의의 몰락과 세계화의 성공, 그리고 자유시장이 다시 전반적인 신뢰를 얻게 되면서 이 사악한 투기꾼들은 마녀나 마법사와 같은 처지로 전락했다. 사람들이 더 이상 이들의 존재를 믿지 않게 된 것이다. 물론 내부정보를 통한 주가나 상품 가격의 조작이 현실적으로 존재한다는 사실은 (극단적인 자유방임주의 옹호자들을 제외하면) 누구나 다 인정하는 바이다. 하지만 이것은 사소한 범죄일 뿐이다. 한 나라의 운명을 뒤바꾸는 대형 금융 사건들의 배경은 너무나 거대한 시장이기 때문에 음모론 같은 것이 개입할 여지가 희박해 보였다. 개인이나 작은 집단이 중간 규모를 넘어서는 경제의 통화가치에 영향을 미친다는 일은 있을 수 없다고 여겼다.

하지만 꼭 그렇지만은 않았다. 1990년대 경제위기에서 가장 특이한 점 가운데 하나가 바로 헤지펀드들이 보인 놀라운 역할이었다.(여기서 헤지펀드는 펀드 자체를 가리키기도 하고 그것을 운용하는 투자기관을 의미하기도 한다) 헤지펀드는 그 소유자들의 부를 훨씬 능가하는 규모의 자산에 대해서도 일시적 통제권을 확보할 수 있는 능력을 지닌다. 헤지펀드가 그 성공을 통해서든 실패를 통해서든 세계시장을 흔들고 있다는 점에는 의심의 여지가 없다. 그리고 사악한 투기꾼이 화려하게 컴백한 경우도 최소한 몇 건은 있었다.

짐승의 본성

헤지펀드는 이름과 달리 '헤지'(hedge, 울타리를 친다는 뜻-옮긴이)하지 않는다. 오히려 반대라고 생각하는 편이 옳다. 웹스터 사전에서 'hedge'라는 단어의 금융 관련 정의를 살펴보면 "위험을 상쇄하는 베팅이나 투자 등을 통해 손실을 피하거나 줄이려고 노력하는 것"이라고 나와 있다. 즉, 시장의 변동이 자신의 자산에 영향을 미치지 않도록 하기 위해 행하는 것이 헤지라는 의미다.

하지만 이와 반대로 헤지펀드가 실제로 하는 일은 시장의 변동성을 최대한 이용하는 것이다. 그들의 전형적인 방식은 어떤 자산에 대해서는 '쇼트포지션'을 취하고(주식 등을 빌려서 매도한 뒤 가격이 떨어지면 떨어진 가격으로 매수해 갚고) 어떤 자산에 대해서는 '롱포지션'을 취하는(매수

후 가격이 오르면 매도해 수익을 실현하는) 것이다. 전자의 경우는 가격이 떨어지면 수익이 나고 후자는 가격이 올라야 이익이 발생한다. 헤지펀드는 이 두 가지 방법 모두를 적극적으로 활용한다.*

헤지펀드의 장점은 이런 유형의 '금융 플레이'를 통해 투자자들에게 매우 높은 수익을 안겨줄 수 있다는 것이다. 왜냐하면 쇼트포지션을 취해서 얻는 현금으로 롱포지션을 취할 수 있고, 따라서 펀드의 소유주들이 원래 내놓은 금액의 총계보다 더 큰 포지션을 취하는 셈이 되기 때문이다. 헤지펀드가 자본금을 가져야 하는 유일한 이유는, 공매도를 위해 자산을 빌리는 소유주에게 반드시 약속(나중에 돌려주겠다는 약속–옮긴이)을 지킬 수 있다는 점을 납득시키기 위해서다. 유명 헤지펀드는 원래 자본의 100배나 되는 포지션도 가질 수 있다. 이러한 경우, 만약 자산 가격이 1퍼센트만 오르거나 부채 가격이 1퍼센트만 떨어져도 헤지펀드의 자본금이 두 배로 늘기도 한다.

헤지펀드의 단점은 역시 돈을 매우 빠르게 잃을 수 있다는 것이다. 일반 투자자들의 입장에서는 대수롭지 않게 느껴지는 시장의 미약한 움

---

* '쇼트포지션'과 '롱포지션'이라는 말은 업계 전문용어다. 하지만 매우 유용한 표현이기 때문에 사용하지 않을 수 없다. 기본적으로 말해, 롱포지션을 취한다는 것은 해당 자산의 가격이 오르면 이득을 볼 수 있다는 의미다. 일반 투자자들이 주식이나 부동산 등을 살 때 취하는 포지션이다. 반대로 쇼트포지션을 취한다는 것은 해당 자산의 가격이 떨어지면 이득을 볼 수 있다는 뜻이다. 주식의 공매도가 이에 해당한다. 주식을 공매도하는 투자자는 주식 소유주에게 나중에 돌려주겠다는 약속을 하고 주식을 빌린 다음 이 주식을 매도한다. 이것은 정해진 시한 안에 같은 주식을 다시 매수해야 함을 뜻한다. 즉, 쇼트포지션을 취하는 투자자는 (빌린 주식을 갚기 전에) 주식 가격이 떨어질 것이라는 데 베팅을 하는 셈이다. 그 동안 그는 여분의 현금을 확보하게 되고, 이것으로 다른 대상에 투자한다. 여기에 대해서는 롱포지션을 취하는 것이다.
물론 자산을 빌려주는 소유주는 쇼트포지션을 취하는 자가 나중에 같은 자산을 다시 살 수 있을 정도의 충분한 현금을 확보하고 있다는 점을 미리 확인받아두어야 한다. 그가 약속을 지킬 수 있을 만큼 충분한 돈을 갖고 있다는 일종의 보증을 받는다는 뜻이다. 대규모 공매도에 나선 투자자들이 큰 손실을 입으면 더 이상 과거처럼 큰돈을 빌릴 수 없게 된다. 이런 투자자들이 시장에서 큰 역할을 할 때 흥미로운 결과를 낳을 수 있는데, 여기에 관해서는 곧 살펴볼 것이다.

직임 때문에 한 헤지펀드의 자본이 단숨에 날아가거나 아니면 적어도 쇼트포지션을 취할 수 없게 되기도 한다.(헤지펀드에 주식이나 다른 자산을 빌려준 사람들이 자산의 반환을 요구하는 경우다)

헤지펀드의 규모는 얼마나 될까? 사실 아무도 모른다. 최근까지도 이것을 파악해둘 필요가 있다고 생각한 사람이 아무도 없었기 때문이다. 실제로 헤지펀드의 위험성을 우려하는 경제학자들의 경고에도 불구하고, 또 내가 이제 곧 언급할 사건들에도 불구하고, 이들에게 애써 규제를 가하는 권력이나 기관은 없었다. 부분적인 이유는 헤지펀드가 해외를 거점으로 활동할 수 있고, 또 실제로도 그러기 때문이다.(헤지펀드는 주로 소수의 고액투자자들로부터 모은 한정된 자본만을 필요로 하므로 성가신 간섭을 피하고 법률적 이점을 누릴 수 있는 해외를 선호한다) 헤지펀드의 운영을 감독하는 일이 불가능하지는 않겠지만 어려운 것만은 분명하다. 그리고 적어도 미국에서는 이들을 감독할 필요가 없다는 의견이 오랫동안 지배적이었다.

그러나 이것은 일면 이해하기 힘든 태도였다. 이미 1992년에 한 유명 헤지펀드가 과다 레버리지(leverage, 차입 자본 이용) 투자의 폭발적 영향력을 증명해보인 바 있었기 때문이다.

조지 소로스의 전설

헝가리 출신의 미국인 사업가 조지 소로스**George Soros**가 퀀텀펀드**Quantum Fund**를 설정한 때는 1969년이었다. 1992년에 그는 이미 억만장자가 되어 있었다. 세계 최고의 투자자라는 명성과 함께 활발한 자선사업으로 명망도 높았지만, 금융적 야망과 함께 지적인 욕망을 가진 인물이자 세상이 자신의 사업적 수완만큼 철학적 견해도 진지하게 받아들여주기를 바랐던 그는 더 많은 것을 원했다. 소로스 자신도 말했듯이 그는 돈만 버는 데서 그치는 것이 아니라 명성도 좇을 수 있는 비즈니스 기회를 찾아 나섰다. 사업과 무관한 프로젝트들을 추진할 때 활용할 수 있는 대중적 명성을 원한 것이다.

그해 여름, 드디어 그는 영국에서 기회를 발견했다. 영국은 1990년 유럽통화제도(EMS)의 환율조정체제(Exchange Rate Mechanism, ERM)에 가입했다. ERM은 유럽단일통화로 가기 위한 중간 단계로, 일종의 고정환율 체계였다. 그러나 영국은 (앞서 글로보 이야기에서 불만을 가진 대륙들처럼) 이 체계에 가입함으로써 따라야 하는 통화정책들이 마음에 들지 않았다. 당시에는 아직 유럽중앙은행이 없었다. 국가들 사이에 가상의 법적 기준을 마련해놓고는 있었지만 실제로는 모두 독일의 중앙은행인 분데스방크Bundesbank의 통화정책에 맞추고 있었다. 그런데 독일은 유럽의 다른 나라들과 입장이 달랐다. 막 재통일을 이룬 상태였기 때문에 동독의 재건에 막대한 돈을 써야만 했다. 이러한 지출로 인해 인플레이션이 일어날 것을 우려한 분데스방크는 자국의 경기과열을 막기 위해 고금리 정책을 썼다. 한편, 안 그래도 너무 높은 환율로 ERM에 가입한 듯 보였던 영국은 심한 불황에 시달리고 있었고, 영국 국민들 사이에서는 정부에 대한 불만이 고조되고 있었다. 영국 관리들은 ERM 탈퇴 가능성을 강하게 부인했지만 정말 그렇게 해야 할지도 모른다는 의심의 목소리가 끊이질 않았다.

통화위기가 일어나기에 딱 알맞은 상황이었다. 소로스는 여기에 베팅하기로 결정했다. 그리고 한 걸음 더 나아가 이 위기를 스스로 촉발시키기로 마음먹었다.

베팅의 역학이란 세부적으로 들어가면 매우 복잡하지만 개념상으로는 단순한 원리에 지나지 않는다. 처음에 소로스는 별로 눈에 띄지 않게, 심지어는 은밀히 움직였다. 퀀텀펀드는 150억 파운드를 빌릴 수 있고, 또 이 돈을 마음대로 달러로 바꿀 수 있는 신용한도를 조용히 확보했다. 그런 다음, 달러에 대해서는 롱포지션을 파운드에 대해서는 쇼트포지션을 취하고 나서 시끄러운 공격으로 방향을 전환했다. 소로스는 파운드화 공매도에 대해 최대한 드러내놓고 이야기했다. 각종 경제신문들과의 인터뷰를 통해 파운드화 절하가 임박했음을 확신한다고 말했다. 상황이 예상대로 진행된다면 다른 투자자들의 파운드화 투매가 이어질 것이고, 그러면 영국 정부로서는 항복하고 평가절하를 단행하지 않을 수 없을 터였다.

작전은 효과가 있었다. 파운드화에 대한 소로스의 공개적 공격은 8월에 시작되었다. 그 후 몇 주 동안 영국은 파운드화 방어를 위해 외환시장에서 약 500억 달러를 쓰면서 고군분투했지만 아무 소용이 없었다. 9월 중순에 영국 정부는 이자율을 올려서 통화를 방어하고자 했다. 하지만 이 조치는 정치적으로 받아들여질 수 없는 것이었다. 결국 사흘 후 영국은 ERM에서 탈퇴, 변동환율제로 선회했다.(지금도 그대로 유지되고 있다) 이 과정에서 소로스는 대략 10억 달러를 벌어들였고, 역사상 가장 유명한 투기꾼이라는 명성을 얻었다.

실제로 소로스는 무슨 일을 한 것일까? 이것을 알려면 세 가지 질문을 던져봐야 한다.

먼저, 만약 그대로 두었다면 가치를 유지했을 통화를 소로스가 무너뜨린 것일까? 아마도 아닐 것이다. 이미 파운드화에 대한 압력은 꾸준히 가중되고 있었고, 많은 경제학자들은 영국이 ERM을 원치 않는다는 추측을 내놓았다.(시장 참여자들의 의견은 경제학자들과 조금 달랐다) 물론 누구도 증명할 수 없는 문제이긴 하다. 하지만 나는 소로스가 아니었더라도 영국이 유럽의 통화체계에 합류하고자 했던 시도는 실패로 끝났을 것이라고 확신한다.

그렇다 치더라도 소로스가 이 과정을 단축시킨 것은 아닐까? 파운드화의 절하를 예상보다 빨리 이끌어낸 장본인이 아니었을까? 대답은 "그렇다"이다. 거의 확실하다. 문제는 "얼마나 앞당겼는가?"이다. 이 역시 누구도 증명할 수 없는 문제이긴 하지만 (내 추측으로) 당시 경제 상황은 영국이 가까운 장래에 ERM를 탈퇴할 수밖에 없도록 몰아가고 있었다. 소로스가 앞당긴 일정은 기껏해야 몇 주 정도였을 것이다.

그렇다면 소로스는 영국에 해를 끼쳤을까? 존 메이저 총리가 이끄는 영국 정부는 소로스가 준 모욕에서 헤어나지 못했다. 그러나 소로스가 영국 전체에는 좋은 일을 했다는 주장도 가능하다. 파운드화 하락이 경제위기를 잠재웠기 때문이다. 파운드화는 이전 가치보다 15퍼센트 정도 낮은 수준에서 자연스럽게 안정을 되찾았다. 파운드화를 방어할 필요성에서 벗어난 영국 정부는 이자율을 낮출 수 있었다. (당시 영국의 재무장관 노먼 러몬트Norman Lamont는 불과 몇 주 전만해도 절대 침범불가라고 단언했던 고정환율제가 끝난 것에 안도감을 느끼며 "목욕탕 안에서 노래를 불렀다"고 말했다. 하지만 이 안도감은 섣부른 것이었다. 영국인들 대부분이 평가절하로 이익을 얻었을지는 몰라도 본인은 얼마 후 사임해야 했기 때문이다.) 낮은 이율과 좀 더 경쟁력을 갖춘 환율로 인해 영국 경제는 곧 회복세로 돌아섰다. 그리고 몇 년 만에 이웃나라들과는 비교도 안 될 만큼 낮은 실업률을 기록했다. 결국 대부분의 영국인들에게 소로스의 파운드화 공격은 좋은 결과를 안겨준 셈이다.

결과론적으로 말하자면 결코 끔찍한 사건이 아니다. 물론 통화 통합이라는 대의를 옹호하는 유럽인들은 1992년의 사건을 비극으로 간주했다. 1992년과 1993년의 투기 공격에 맞서 싸운 프랑스인들의 입에서는 통화 투기꾼들을 악마의 전령이라고 비난하는, 시대에 뒤떨어진 불평의 소리까지 나왔다.(프랑스는 프랑화를 잠시 변동환율제로 운영하다가 곧 ERM에 복귀시켰다) 그러나 범세계적 영향력을 지닌 앵글로-색슨계의 정책 토론장에서는 소로스와 파운드화의 이야기에 우려의 목소리가 섞이지 않았다.

이 모든 상황은 아시아에서 위기가 발생하면서 바뀌었다. 투기의 결과가 항상 좋을 수만은 없다는 점이 확인된 것이다.

마하티르 총리의 광기

다음과 같은 상황이 전개되면 어떤 기분일지 상상해보라. 마하티르(말레이시아 총리)는 다루기 힘든 인종문제를 완벽한 기교로 관리해왔다. 그는 말레이인 우대정책인 '부미푸트라'(bumiputra, '대지의 아들'이라는 뜻으로 본토인 즉 말레이인을 일컫는다-옮긴이) 정책으로 다수 인종인 말레이인들을 달랬다. 그렇다고 말레이시아 경제에서 중요한 역할을 하는 소수 중국인에게도 소홀하지 않았다. 그는 말레이시아를 다국적기업들이 선호하는 곳으로 만들었다. 그러는 한편, 자주적이면서도 다소 반서구적인 외교정책을 추구해 이슬람교도가 대부분인 국민들의 정서에도 부응했다. 그의 통치 아래 말레이시아는 '아시아의 기적'에 완벽하게 동참하고 있었다. 경제가 고속성장하면서 빌 게이츠를 비롯한 외국 기업인들이 앞 다투어 방문했고, 1997년 여름 「타임」지는 그를 세계 최고의 '테크놀로지 리더' 100명 중 한 명으로 선정했다.

물론 일각에서는 비판의 목소리도 있었다. 그의 측근과 가족들이 너무 쉽게 부를 축적하는 듯 보였던 것이다. 그의 웅장한 계획을 비판하는 외국인들도 있었다. 세계에서 가장 높은 빌딩(페트로나스 타워를 말한다-옮긴이)과 대규모 '테크놀로지 회랑'을 건설하겠다는 그의 집착을 비판한 것이다. 하지만 전반적으로 볼 때 그는 자신의 성과와 업적에 충분히 만족할 만했다.

그러나 놀랄 만큼 순식간에 모든 것이 일그러졌다. 흥청망청 대던 이웃나라들이 통화위기를 맞았다. 물론 이것은 그들의 문제라고 말할 수도 있었다. 하지만 말레이시아에서도 돈이 빠져나가기 시작했다. 마하티르 총리는 자국 통화를 추락하게 놔두느냐, 아니면 이자율을 올리느냐 사이에서 결단해야 하는 괴로운 상황을 맞았다. 어느 쪽이 됐던 힘겹게 성장해온 기업들을 심각한 자금위기로 몰아넣을 것이 뻔했다.

그렇기 때문에 마하티르가 설령 음모론에 의지했다고 한들 그를 비난할 필요는 없다고 본다. 조지 소로스가 5년 전에 파운드화를 갖고 공작했고, 또 퀀텀펀드가 지난 수년 간 동남아시아 통화들로 명백한 투기를 했음은 누구나 다 아는 사실이었다. 따라서 유명한 투기꾼 소로스를 재난의 원흉으로 몰아세운 것은 어쩌면 자연스런 일이었다. 이를 두고 혹자는 '절묘한 인과응보'라고 표현할지도 모른다. 다시 말해, 소로스가 꼭 돈 때문이 아니라 명성을 얻기 위해 파운드화를 공격했다고 떠들고 다닌 바람에 결국 자승자박한 꼴이 됐다고 말이다.

그럼에도 마하티르는 입을 다물고 있는 편이 옳았을 것이다. 말레이시아 경제에 대한 신뢰가 이미 흔들리고 있는 마당에 아시아에 대한 미국의 음모론을 떠드는 -그리고 사실은 이것이 유대인의 음모라고 공공연히 암시하는- 총리의 모습은 결코 경제전문가들이 권할 만한 처방이 아니었기 때문이다.

게다가 그의 말은 사실도 아니었다. 퀀텀펀드가 태국에서 투기를 벌인 것은 맞다. 하지만 당시엔 다른 많은 이들도 그러고 있었다. 말레이시아를 탈출한 투기 자본의 대부분이 말레이시아 자본이었음이 드러났다. 이들 가운데는 마하티르의 호의 덕분에 부를 쌓은 기업인들도 있었다.

그러나 마하티르는 자신의 뜻을 굽히지 않고 각종 기자회견이나 연설 등에서 소로스를 비난했다. 몇 달이 흘러 말레이시아 경제가 정말로 위험한 징조를 보인 후에야 마하티르는 비교적 조용해졌다. 시장의 동요가 두려웠던 것이다. 어쩌면 세상 사람들 대부분이 자신의 불평을 어리석게 보고 있다는 점을 깨달았기 때문인지도 모른다. 이런 식의 음모론은 아무래도 비현실적으로 들리니까 말이다.

하지만 한 번의 음모는 정말로 있었다.

홍콩에 대한 공격

홍콩은 오랫동안 자유시장 옹호자들의 마음속에 특별한 지역으로 남아 있었다. 제3세계 국가들 대부분이 보호주의와 정부 주도 프로젝트가 국가 발전의 길이라고 믿고 있을 때 홍콩은 자유무역을 지켰고, 기업들이 마음껏 활보하도록 내버려 두었다. 그리고 이처럼 개방된 경제가 경제발전 이론가들이 상상도 못할 속도로 성장할 수 있다는 점을 증명해 보였다. 또한 홍콩은 통화위원회 제도를 부활시켰다. 일부 보수론자들이 금본위제로 회귀하는 첫 번째 단계라고 말하는 제도였다. 보수적인 헤리티지재단(Heritage Foundation)은 해마다 '경제자유 지수'에서 홍콩에 최고점을 주었다.

그러나 홍콩은 아시아 위기로 고통을 받았다. 홍콩의 경제 운용에 있어 특별한 잘못을 찾기는 힘들다. 홍콩 경제는 (아시아의 그 어떤 나라보다도 더) 법률 규정에 따라 관리됐고, 은행에 대한 규제도 잘 정비되어 있었으며, 예산정책도 보수적으로 운영되었다. 위기 이전엔 정실주의가 만연한다는 어떤 증거도 없었고, 위기 첫해엔 패닉에 휩싸인 자본 탈출도 없었다. 그럼에도 불구하고 이 도시가 엉뚱한 시점에 엉뚱한 상황에 처했다는 것만큼은 확실했다. 이웃나라들이 불황에 빠져들면서 경제가 휘청거렸다. 일본인들의 쇼핑 행렬이 멈췄고, 동남아시아 기업들은 홍콩 금융가에 발길을 끊었다. 홍콩의 통화위원회 제도도 문제가 되었다. 홍콩의 환율이 미화 1달러당 7.8홍콩달러로 고정되어 있던 동안 다른 아시아 국가들의 통화는 대부분 평가절하를 겪었던 것이다. 갑자기 홍콩의 물가가 방콕이나 도쿄보다 훨씬 더 비싸졌다. 결과는 경기후퇴의 악화였고, 곧 최악의 상황으로 치달았다.

이쯤 되자 한 가지 의문이 피어올랐다. 과연 홍콩이 어떤 대가를 치르더라도 환율을 방어할 것인가? 홍콩의 일부 기업인들은 당국에 공개적으로 평가절하를 요구했다. 그래야만 가격 경쟁력을 되찾을 수 있다는 호소였다. 하지만 이 요구는 거절당했고, 홍콩 정부는 환율 문제에 절대로 개입하지 않겠다고 선언했다. 가만, 1992년에 영국도 그러지 않았던가? 그런데 중국은 어땠을까? 이 아시아의 거인은 통화 통제 덕분에 위기의 첫 번째 파도를 큰 동요 없이 피해갔다. 그러나 1998년 여름이 되자 경기후퇴의 징후들이 나타났고, 중국의 통화 역시 평가절하될 것이라는 소문이 돌기 시작했다. 만약 그러면 홍콩으로서는 훨씬 큰 부담을 안게 될 터였다.

대부분의 사람들은 이 모든 사태의 진행을 나쁜 소식으로 받아들였겠지만 일부 헤지펀드들은 기회로 삼았다.

1998년 8~9월의 상황에 대한 구체적 수치 자료는 없다. 하지만 홍콩 관계官界나 시장의 플레이어들 사이에서 오가는 정설은 있다. 소수의 헤지펀드들(관리들이 실명을 거론하지는 않지만 소로스의 퀀텀펀드와 명성은 덜하지만 마찬가지의 영향력을 지닌 줄리언 로버트슨Julian Robertson의 타이거펀드Tiger Fund가 포함되어 있다는 소문이 있다)이 홍콩에 대해 '이중 플레이'(double play)를 펼치기 시작했다. 그들은 홍콩 주식을 공매도했다. 즉 빌린 주식을 팔아 홍콩달러로 바꾼 것이다.(물론 원래 주인에게는 같은 주식을 다시 사서 돌려주겠다고 약속했다. 이때 일종의 '임대료'도 함께 준다) 그런 다음 이 홍콩달러를 다시 미국달러로 바꾸었다. 헤지펀드들은 둘 중 하나의 일이 벌어질 가능성에 베팅을 한 셈이다. 하나는 홍콩달러가 평가절하되어 환투기로 돈을 버는 것이요, 다른 하나는 쇼트포지션(공매도)을 통한 차익 실현이었는데, 후자의 경우엔 만약 홍콩 통화 당국이 이자율을 올려 통화를 방어하면 현지의 주가가 내려갈 것이란 계산이 깔려 있었다.

그러나 (홍콩 관리들의 말을 빌면) 헤지펀드들이 단순히 이렇게 베팅만 해 놓고 팔짱을 낀채 기다린 것은 아니었다. 1992년에 소로스가 그랬듯이 헤지펀드들은 실제로 원하는 상황이 일어나게끔 최선을 다했다. 그들은 홍콩달러의 매도를 공개리에 대규모로, 나아가 정기적으로 행하고 있었다. 시장의 모든 이들이 알게끔 하려는 의도였다. 홍콩 관리들은 (이번에도 실명은 거론하지 않고) 헤지펀드들이 홍콩달러나 중국 인민폐, 또는 둘 모두의 절하가 임박했다는 소문을 퍼뜨리기 위해 기자들에게 돈을 주었다고 주장했다. 다시 말해, 헤지펀드들이 통화 투매를 일으키기 위해 교묘히 움직이고 있다는 얘기였다.

정말로 헤지펀드들이 공모했을까? 가능한 일이다. 예를 들어, 마이크로소프트 주식의 주가조작에 명시적으로 가담한 사람은 쇠고랑을 차지만 홍콩 주식시장에서의 음모는 법망을 빠져나갈 수 있었다.(1998년 당시 홍콩증시와 마이크로소프트의 시가총액은 거의 비슷한 수준이었다) 더군다나 굳이 직접적 접촉을 하지 않아도 가능한 일이었다. 대신에 각종 암시나 눈짓이 있었을 것이다. 골프를 함께 치면서, 혹은 비싼 와인을 앞에 두고 몇 마디 에두른 이야기를 나누는 것만으로도 충분하다. 홍콩에 공격을 감행한 플레이어는 수가 그리 많지 않았고, 모두들 게임의 법칙을 알고 있었다.

일부 전문가들은 더 큰 그림자를 보았다. 빅4 헤지펀드들(빅5라 해도 상관없다)은 위와 같은 행보를 보이는 동시에 다른 쪽에서도 움직였다. 그들은 호주달러, 캐나다 달러 등과 함께 엔화를 매도했다. 일본의 이자율이 낮았고, 엔화도 홍콩달러와 함께 내리막길을 달릴 것이라고 생각했기 때문이다. 그들은 이 통화들에 대해서도 역시 대규모 공개 매도 전략을 취했다. 결국 홍콩은 아시아 태평양 권역 금융 플레이의 중심지였을 뿐이고, 역사상 최대 규모의 시장 음모가 진행되었을 가능성이 실로 높다.

이 음모는 성공할 가능성도 높아 보였다. 사실 홍콩이 취할 수 있는 방법은 없었다. 홍콩의 증시 규모는 대부분의 개발도상국들에 비해 큰 편이었지만 헤지펀드들이 동원 가능한 자금의 액수에 비한다면 꼭 그렇지만도 않았다. 음모의 혐의가 짙은 쇼트포지션의 총액이 약 300억 달러라는 보도도 있었다. 이것은 미국 주식시장에서 1조 5,000억 달러어치를 공매도하는 것과 맞먹는 수준이었다. 더군다나 홍콩 주식시장은 널게 열려 있었고 앞으로도 계속 그럴 터였다. 홍콩은 외부의 평판에 의존해서 사는 도시였다. 돈을 갖고 하고 싶은 대로 할 수 있는 곳, 독단적인 정부의 간섭이 없는 곳이라는 평판을 듣는 홍콩이 감히 자본이동에 대한 통제를 하리라고는 상상할 수 없었다. 어느 모로 보나 멋진 작전이었고, 성공 확률도 매우 높았다.

그러나 예상과 달리 홍콩은 싸웠고, 마침내 그들을 물리쳤다.

싸움의 주된 무기는 잘 알려져 있지 않던 홍콩통화청(HKMA)의 자금이었다. 당시 홍콩통화청의 자금력은 엄청났다. 홍콩이 통화위원회를 운용하고 있었다는 점을 기억해야 한다. 따라서 시중에 유통 중인 모든 홍콩달러에 대해 7.8홍콩달러 당 미화 1달러의 비율로 뒷받침할 수 있는 달러를 보유하고 있었다. 그런데 알고 보니 홍콩통화청은 그래야만 하는 것보다 훨씬 더 많은 달러를 비축해두고 있었던 것이다.

자, 그러면 이 돈을 헤지펀드들에 맞서는 데 어떻게 사용했을까? 홍콩 당국은 홍콩의 주식을 사들였고, 그래서 주식 가격이 올라가자 주식을 공매도했던 세력은 손실을 입게 되었다. 물론 이것이 효과를 발휘하기 위해서는 주식 매입이 대규모여야 한다. 다시 말해, 헤지펀드들의 공매도 규모와 비슷하거나, 이를 넘는 규모여야 한다. 홍콩 당국은 이런 대응이 가능한 자금을 갖고 있었다.

헤지펀드들은 왜 이런 반응을 예상하지 못했을까? 그들은 홍콩 정부가 보수주의자들로부터 비난이 빗발치는 상황을 감수하리라고는 생각하지 않았다. 보수주의자들은 자유시장의 모범생이 시장에 개입하려든다는 사실에 경악했다. 당연히 격렬한 반발이 있었다. 밀턴 프리드먼은 홍콩 정부의 행동을 '미친 짓'이라고 했고, 헤리티지재단은 경제적 자유의 보루라는 홍콩의 지위를 공식적으로 박탈했다. 신문들은 엄격한 자본통제를 시작한 말레이시아에 홍콩을 빗대는 기사를 썼다. 홍콩의 재무장관 도널드 창은 세계를 돌아다니며 투자자들에게 자국 정부의 행동에 대해 설명하고 홍콩은 영원히 자본주의의 편이라고 설득했다. 그러나 이것은 어려운 싸움일 수밖에 없었다.

한동안 헤지펀드들은 이런 반발이 홍콩 당국을 굴복시킬 것이라고 기대했다. 그들은 쇼트포지션을 롤오버하고(공매도한 주식을 빌린 원소유주에게 추가비용을 지불하면서 상환을 미루고) 홍콩 정부가 나가떨어지기를 기다렸다. 이때 홍콩 정부가 일종의 시장 진입장벽을 높이는 조치를 취했다. 공매도를 제한하는 새로운 규정을 만든 것이다. 그러자 주식을 빌려주었던 홍콩의 투자자들은 회수에 나서야 했다. 헤지펀드들은 분노의 신음을 애써 삼키며 자신들의 포지션을 풀지 않을 수 없었다.

이후 홍콩의 사건은 서서히 잊혀 갔다. 세계 곳곳에서 일어난 일련의 기괴한 사건들이 헤지펀드들 스스로가 활동을 축소할 수밖에 없게 만들었기 때문이다.

포템킨 경제

1787년 러시아의 예카테리나 여제가 제국 남부의 시찰에 나섰다. 전해오는 이야기에 따르면 포템킨 장군은 시찰 하루 전날 예정지역에 가서 마치 영화세트와도 같은 가짜 거리를 만들어 낙후된 마을을 아주 잘 사는 곳처럼 보이게 꾸몄다고 한다. 그런 다음, 거리 세트를 해체해 다음 시찰지역으로 이동시켰다. 그 후 '포템킨 마을'이라는 표현은 현실과는 전혀 상관없이 외관상으로만 행복한 허울을 가리키는 말로 쓰이게 되었다.

1990년대 후반의 러시아 경제가 그랬다.

사회주의에서 자본주의로의 이행이 쉬우리라고 생각한 사람은 아무도 없었다. 그러나 러시아는 다른 나라들보다 이 과정이 훨씬 힘들었다. 공산주의 몰락 후 수년 동안 러시아의 경제는 이도 저도 아닌 어중간한 상태로 굴러갔다. 중앙에서 지침을 제공하던 계획경제가 사라졌지만, 그렇다고 제대로 작동하는 시장경제가 자리 잡지도 못했다. 그나마 웬만큼 돌아가던 요소들마저도 기능을 멈췄다. 저질 상품이나마 물건을 생산하던 공장들이 가동을 중단했다. 집단농장들의 생산성은 과거보다 훨씬 떨어졌다. 음울했던 브레즈네프 시절이 오히려 황금기처럼 보였다. 숙련된 프로그래머와 엔지니어, 과학자, 수학자들이 수없이 많았지만 변변한 일거리조차 없었다.

그야말로 암울한 상황이었다. 하지만 러시아는 마지막 한 가지 자산을 갖고 있었다. 바로 구소련 시절부터 보유해온 핵무기였다.

그들이 핵무기를 최고가 낙찰자에게 팔겠다고 드러내놓고 위협하지는 않았지만, 안심할 수 없는 이 가능성은 서구사회의 정책 방향에도 큰 영향을 미쳤다. 특히 미국 정부는 최대한 태연한 표정을 짓기 위해 애쓰는 모습이 역력했다.

미국은 (대부분의 사람들이 오래 전에 냉소적으로 변한 다음에도) 러시아 개혁가들이 어떻게 해서든 체제 이행의 사명을 완수할 것이라는 희망을 버리지 않았다. 또 정치가들이 이제 곧 자기 밥그릇 채우기에만 급급한 모습을 버릴 거라는, 아니면 적어도 근시안적 행태는 접을 거라는 희망도 갖고 있었다. 그래서 미국 정부는 IMF에 압력을 넣어 러시아에 차관을 제공하도록 했다. 국가 안정화 계획을 위한 시간을 좀 더 주자는 취지였으나, 어쩐 일인지 결국 흐지부지됐다. (국제적인 경제 뉴스레터 「메들리리포트」The Medley Report는 일각에서 말하듯이 미국이 하찮은 목적을 위해 돈을 쏟아 붓고 있는 것은 아니라고 논평했다. 미국은 미사일 격납고에 비용을 지불하고 있는 셈이었다.)

러시아가 핵무기를 담보로 이용할 수도 있다는 가능성은 오히려 배짱 두둑한 외국 투자자들로 하여금 위험을 감수하고 러시아에 투자하도록 만들었다. 루블화가 엄청나게 절하되거나 러시아 정부가 지급불

능 상태에 빠질 수도 있다는 사실은 모두가 알고 있었다. 그러나 이런 일이 일어나기 전에 서방세계가 또 다른 응급 현금주사기를 들고 개입할 가능성도 무척 높아 보였다. 러시아 국채의 이율은 극도로 높았다.(나중에는 150퍼센트에 이르렀다) 그렇기 때문에 이 베팅은 높은 리스크에 따른 고수익을 노리는 투자자들, 특히 헤지펀드들에게 매력적인 것이었다.

그러나 결국 이 베팅은 좋은 결과를 내지 못했다. 1998년 여름, 러시아의 금융 상황은 예상보다 훨씬 빨리 결말이 났다. 그해 8월에 조지 소로스는 (또!) 러시아에 루블화 평가절하와 통화위원회 도입을 공개적으로 제안했다. 그의 말은 루블화 투매 사태에 방아쇠를 당겼다. 멕시코 스타일의 부적절한 평가절하에 이어 통화 붕괴와 모라토리엄 선언이 이어졌다. 하지만 서방사회는 아무런 구제책도 내놓지 않았다. 갑자기 러시아 채권이 액면가에 비해 형편없는 액수로 거래되기 시작했고, 그렇게 수십억 달러가 사라졌다. (핵무기 담보는 어떻게 되었을까? 좋은 질문이기는 하지만 이 문제는 다음 기회에 생각해보기로 하자.)

엄격하게 달러의 입장에서 보자면 러시아에서 증발한 돈은 사소한 액수였다. 이 정도는 미국 증시가 1퍼센트의 몇 분의 일만 하락해도 사라지는 액수였고, 흔하게 일어나는 일이었다. 그러나 이 손실은 레버리지 비율이 높은 소수의 금융 운영자들에게 큰 부담으로 작용했는데, 그러면 세계 경제도 커다란 영향을 받을 수밖에 없었다. 사실 몇 주 동안은 러시아의 금융 붕괴가 마치 전 세계를 침몰시킬 듯 위협적이었다.

1998년의 패닉

1998년 여름, 세계 헤지펀드들의 대차대조표는 분량도 많을뿐더러 엄청나게 복잡했다. 그래도 한 가지 패턴은 있었다. 그들은 안전한(가치가 폭락할 것 같지 않은) 유동적(쉽게 현금화할 수 있는) 자산에는 쇼트포지션을 취했다. 반면, 위험하고 유동성이 낮은 자산에는 롱포지션을 취했다. 이를테면, 안전하고 쉽게 팔 수 있는 독일 국채에는 쇼트포지션을 취하고, 조금 더 위험하고 빨리 팔기 어려운 덴마크의 주택저당증권(부동산에 대한 간접적 권리)에는 롱포지션을 취하는 식이었다. 또 일본 채권에는 쇼트포지션을, 러시아 채권에는 롱포지션을 취했다.

여기에 적용된 일반적 원칙은 다음과 같았다. 역사적으로 시장은 안전성과 유동성에 높은 프리미엄을 부과하는 경향이 있는데, 왜냐하면 소규모 투자자들은 리스크를 꺼려하는데다 언제 현금이 필요하게 될지 모르기 때문이다. 하지만 대규모 운영자들의 사정은 달랐다. 자금력이 있는 그들은 분산투자 등을 통한 세심한 다각화로 위험을 최소화할 수 있었으며, 또한 대개의 경우 자산을 갑자기 현금화할 필요도 없기 때문에 오히려 위험성과 비유동성을 기회로 삼았다. 헤지펀드가 매년 그토록 많은 돈을 번 이유가 바로 여기에 있다.

그러나 1998년에는 많은 사람들이 이 기본 개념을 파악하고 있었다. 헤지펀드들 사이의 경쟁도 가열돼 수익을 내기가 갈수록 힘들어졌다. 몇몇 헤지펀드는 사실상 해체를 선언하고 투자자들에게 돈을 돌려주기 시작했다. 하지만 더 멀리 나아가 새로운 기회를 찾으려는 노력도 기울였다. 겉으로는 리스크가 매우 높아 보이지만 사실은 손실 가능성을 교묘히 최소화한 복잡한 포지션을 취한 것이다.

하지만 상황이 비극으로 치닫기 전까지는, 훨씬 좁아진 기회를 이용하려는 헤지펀드들 사이의 경쟁이 일종의 '파멸 기계'가 되어 금융 재앙을 불러올 줄은 아무도 몰랐다.

그 작동원리는 이러했다. 어떤 헤지펀드('상대성 펀드'라고 부르자)가 러시아 국채에 큰 베팅을 했다고 치자. 그런데 러시아 정부가 채무불이행을 선언하자 상대성 펀드도 거액의 달러를 잃게 된다. 상대성 펀드가 쇼트포지션을 취할 수 있도록 주식과 채권을 빌려준 원소유주들은 불안감을 느껴 자산의 반환을 요구한다. 하지만 상대성 펀드는 이미 이것을 매도한 상태다. 돌려주기 위해서는 시장에서 다시 매수를 해야 하는데, 여기에 필요한 현금을 동원하려면 다른 자산을 팔아야만 한다. 그런데 시장에서 큰 플레이어인 상대성 펀드가 자산을 팔자 해당 자산의 가격이 내려간다.

한편, 상대성 펀드와 경쟁하는 '고양이 펀드' 역시 포트폴리오의 상당 부분이 상대성 펀드와 겹친다. 따라서 상대성 펀드가 갑작스러운 대규모 자산 매도에 나서면 고양이 펀드 역시 거액의 손실을 입는다. 그러면 고양이 펀드도 부족분을 만회하기 위해 다른 자산을 팔아야만 하고, 이것은 다시 해당 자산의 가격 하락을 부추긴다. 그러면 또 '엘리자베스 펀드'에도 문제가 생긴다. 이렇게 계속 확산되는 것이다.

앞서 제4장에서 설명한 아시아의 금융 붕괴 이야기가 떠오르지 않는가? 근본적으로 같은 원리다. 가격의 폭락이 대차대조표를 망가뜨리고, 이것이 다시 가격을 내리는 악순환이 발생하는 것이다. 현대 세계에서 이런 일이 일어나리라고는 아무도 생각하지 않았지만, 사건은 발생했고, 결과는 놀라웠다.

이야기를 좀 더 진행시켜보자. 헤지펀드들이 리스크가 크고 유동성이 나쁜 자산들의 프리미엄 차익을 노리기 위해 주도면밀하게 움직여왔기 때문에 많은 비유동성 자산의 입장에서는 헤지펀드들이 곧 시장이었다. 그런데 헤지펀드들이 한꺼번에 매도에 나서자 그들은 다른 구매자를 찾을 수 없었다. 따라서 유동성과 리스크에 대한 프리미엄은 (수년에 걸쳐 그 차익이 꾸준히 줄어왔음에도 불구하고) 순식간에 듣도 보도 못하던 수준까지 치솟았다. 29년 만기 미국 국채(미국 정부가 망하면 다른 모든 것들도 망한다는 점에서 완벽하게 안전한 자산) 이자율이 30년 만기보다 훨씬 높게 제시됐다. 30년 만기 국채는 상대적으로 더 큰 시장에서 거래되며, 따라서 29년 만기보다 팔기가 단지 조금 더 쉬울 뿐인데 말이다. 회사채들은 통상적으로 미국 국채보다 높은 수익률을 제시한다. 하지만 이 차이가 갑자기 몇 퍼센트나 벌어져버렸다. 상업용모기지담보증권(CMBS, 대부분의 비주거용 건설사업 자금을 간접적으로 조달하는데 쓰인다)은 아예 팔 수가 없었다. 당시에 나는 어떤 모임에 참석했는데, 참가자 한 사람이 상황을 설명하는 FRB(연준) 관리에게 해결책이 무엇이냐고 물었고, 그의 대답은 간단했다. "기도합시다."

그러나 다행히도 연방준비제도이사회는 뜻밖의 일을 해냈다. 가장 큰 손실을 본 헤지펀드를 구해준 것이다. 바로 코네티컷주에 근거한 롱텀캐피털 매니지먼트Long Term Capital Management(LTCM)였다.

LTCM의 활약상은 조지 소로스의 전설보다 훨씬 더 놀랍다. 소로스는 '금융 무협지'에나 나올법한 시장 교란자로 오랫동안 악명을 떨쳐온 인물이다. 본질적으로 제이 굴드(Jay Gould, 19세기 미국의 투자·기업가.

1869년 금金 투자로 '암흑의 금요일'로 일컬어지는 공황의 원인을 제공했다. 미국 철도황제의 한 사람이자 금융조작의 귀재로 알려져 있다-옮긴이)나 짐 피스크(Jim Fisk, 제이 굴드의 동업자-옮긴이) 같은 인물과 크게 다를 바 없다. 하지만 LTCM의 경영진은 완전히 현대판이었다. 그들은 각종 수학공식과 컴퓨터를 이용해 시장보다 한 수 앞서 나가는 전문가들이었다. 이 회사의 자랑거리는 두 명의 노벨상 수상자와 그들의 뛰어난 제자들을 직원으로 두고 있다는 것이었다. 또한 자산들 간의 역사적 상호관계를 면밀히 연구하면 (롱포지션과 쇼트포지션의 적절히 안배를 통해) 현명한 포트폴리오를 구성할 수 있다고 믿었다. 그리고 사람들이 생각하는 것보다 훨씬 적은 리스크로 높은 수익을 거두어들였다. 매년 반복해서 좋은 성과를 내자 그들에게 돈을 빌려주는 사람들은 이 회사가 과연 충분한 자금을 갖고 있는지조차 확인하지 않게 됐다.

그런데 시장이 미친 듯이 돌아가기 시작했다.

LTCM이 낸 손실이 과연 누구도 예상하지 못한, 평생에 한 번 일어날 법한 충격적인 사건의 결과였는지, 아니면 그들이 사용한 컴퓨터 모델이 시장의 일시적인 대규모 교란을 고려하지 않은 수준 이하의 것이었는지는 여전히 불분명하다.(만약 정말 수준 이하였다면 고의성이 있었는지의 여부도 알 수 없다. 이때 모럴해저드 문제가 다시 등장한다) 원인이야 어찌 됐든 1998년 9월 경에 이 회사는 마진콜에 시달리고 있었으나 그 요구에 응할 수가 없었다. LTCM은 시장에서 말 그대로 매머드급 플레이어였기 때문에 만약 이 회사가 파산한다면, 그리고 그 포지션들이 정리된다면 전면적인 패닉 상황은 불가항력일 터였다.

뭔가 조치를 취해야 했다. 결론적으로 말하자면 공적자금은 투입되지 않았다. 뉴욕 연방은행이 일련의 투자가(은행)들을 설득해 그들이 긴급자금을 내놓는 대신, LTCM의 과반수 지분을 가질 수 있도록 했다. 일단 시장이 진정되자 이것은 수지맞는 거래였던 것으로 드러났다.

하지만 위기 극복은 여전히 요원한 일로 보였다. 9월에 열린 연방준비제도이사회 정기회의에서 이자율을 0.25퍼센트 내리자는 결정이 나왔다. 시장은 이 인하율에 실망했고, 이미 많은 문제를 안고 있던 금융상황은 패닉의 옷을 입기 시작했다. 사람들은 과거에 미국을 대공황으로 몰아넣었던 뱅크런을 떠올리기 시작했다. J. P. 모건은 1999년에 심각한 불황이 올 것이라는 단호한 예측도 내놓았다.

그러나 연방준비제도이사회는 한 가지 비장의 무기를 감추고 있었다. 정상적인 경우에 이자율 변동은 대략 6주마다 한 번씩 열리는 연방공개시장위원회에서 논의된다. 그런데 위의 9월 회의에서 FRB(연준)는 필요한 경우 언제든지 이자율을 추가로 0.25퍼센트 내릴 수 있는 권한을 앨런 그린스펀 의장에게 부여했다. 10월 15일, 그린스펀은 이 권한을 사용해 시장을 깜짝 놀라게 만들었다. 시장이 기적처럼 다시 회복세를 보이기 시작했다. 그리고 FRB가 다음 회의에서 이자율을 또 내리자 과거의 공포심은 안도감으로 바뀌었다. 1998년 말이 되자 비정상적인 유동성 프리미엄은 모두 사라졌고, 주식시장에선 연일 최고가 경신 소식이 들려왔다.

여기서 우리가 꼭 알아야 할 점이 있다. 당시 연방준비제도이사회 관리들의 업적은 (심하게 말하자면) 소가 뒷걸음치다 쥐를 잡은 경우와 비슷했다. 위기의 정점에서 이자율 인하는 사실 별로 의미 없는 일이었다. 아무도 돈을 빌릴 수 없는 상황에서 이자율이 무슨 상관이란 말인가?

그리고 만약 모두들 경제가 나락으로 떨어질 것으로 내다봤다면 패닉은 자기입증형 예언이 되기 쉽다.(많은 나라의 실례를 앞서 살펴봤다) 돌이켜보건대 당시의 그린스펀은 사기가 떨어진 군대의 선두에서 말을 몰고 돌진해나가는 장군의 모습이었다. 그는 칼을 휘두르며 격려의 함성을 질러 전투의 대세를 바꾼 장군이었다. 멋진 일이었다. 그러나 다음 번에도 같은 방식이 통하리라고 기대하는 것은 무리였다.

사실 연방준비제도이사회의 몇몇 관리들도 국민들이 그들(연준)의 능력을 과신하고 있다는 점에 우려를 표명했다. 그린스펀의 고문 가운데 한 사람은 이런 과신이 어떤 위기가 닥치든 연방준비제도이사회가 경제와 시장을 구해줄 것이라는 믿음에 근거한 새로운 형태의 모럴해저드를 야기한다고 말했다. 연방준비제도이사회가 가진 능력의 한계는 2008년 위기가 닥쳤을 때 여실히 드러났다.

하지만 이 이야기를 하기 전에 먼저 앨런 그린스펀의 전설과 모든 사태가 어긋나기 시작한 과정을 살펴보자.

Chapter 07

그린스펀의 거품

앨런 그린스펀은 1987년 5월부터 2006년 1월까지 무려 18년 넘게 연방준비제도이사회 의장을 지냈다. 이 자리에 앉은 것만으로도 세계에서 가장 막강한 금융 관리자의 권력을 쥐게 된다. 그러나 그린스펀의 영향력은 공식적인 권한보다 훨씬 멀리까지 미쳤다. 1999년 「타임」의 커버스토리에 나온 표현을 빌자면 그는 '세계 구원 위원회'의 위원장이자 대표자이자 고문이었다.

그린스펀은 이 자리를 떠나면서 영광의 흔적을 길게 남겼다. 프린스턴의 경제학자 앨런 블라인더(Alan Blinder, 연준 부의장과 클린턴 대통령의 경제보좌관을 지냈다-옮긴이)는 그야말로 역사상 가장 위대한 중앙은행 총재임에 틀림 없을 거라고 단언했다. 임기 막바지에 연방의회에 출석한 그린스펀은 마치 '통화의 구세주'라도 되는 양 커다란 환영을 받았다. 한 의원은 이렇게 말했다. "당신은 주식시장의 붕괴, 전쟁, 테러, 자연 재해와 같은 온갖 어려운 상황 속에서도 통화정책을 이끌었습니다. 미국의 번영에 지대한 공헌을 한 당신에게 이 나라는 빚을 졌습니다."

3년 후, 그린스펀의 명성은 땅에 떨어졌다.

앨런 그린스펀의 흥망성쇠를 단지 개인적 교훈의 차원으로만 보아서는 안 된다. 이것은 경제정책 입안자들이 자신의 통제력을 과신하다가 그렇지 않음을 깨닫고 경악하는, 그리고 세상은 고통을 겪는 과정의 이야기이기도 하다.

그린스펀의 시대

그린스펀은 어떻게 이토록 전설적인 인물이 되었을까? 대체로 말하자면 좋은 시절에 FRB(연준)의 의장을 지냈기 때문이다. 1970년대와 1980년대 초반은 험악한 시기였다. 인플레이션과 실업률이 두 자리 수로 올라가면서 대공황 이후 최악의 경기후퇴가 찾아왔기 때문이다. 반면, 그린스펀의 시대는 비교적 평온했다. 인플레이션은 계속 낮은 수준에 머물렀고, 그의 재임 기간중에 일어난 두 차례의 경기후퇴도 (적어도 공식적으로는) 8개월 만에 끝났으며(여기에 관해서는 나중에 자세히 논하겠다) 일자리도 비교적 넉넉했다. 1990년대 후반과 2000년대 중반 두 차례에 걸쳐 실업률은 1960년대 이후 최저치를 기록했다. 금융 투자자들에게도 그린스펀 시절은 천국이었다. 다우지수는 1만 선을 돌파했고 주가는 연평균 10퍼센트 이상 올랐다.

이처럼 빛나는 성과에 대해 그린스펀이 마땅히 인정받아야 할 공로는 어느 정도였을까? 한 가지 확실한 사실은 그가 과도하게 많은 공로를 인정받았다는 것이다. 인플레이션을 통제한 장본인은 그린스펀의 전임자인 폴 볼커Paul Volcker였다. 볼커가 사용한 방법은 긴축통화정책이었는데, 비록 부작용으로 심각한 경기후퇴가 발생하긴 했지만 결국에는 인플레이션 심리를 꺾을 수 있었다. 이처럼 볼커가 악역을 맡아 애써 준 덕에 그린스펀은 편하게 앉아 과실을 거둘 수 있었다.

게다가 좋은 경제뉴스들 가운데 상당수는 통화정책과 거의 관련이 없었다. 차라리 그린스펀 시절에 미국 기업들이 정보기술의 효과적 사용법을 터득했기 때문이라고 말하는 편이 더 옳겠다. 신기술 도입에 따른 경제적 혜택은 보통 어느 정도 시간이 흘러야만 분명히 드러나는 법이다. 기업에서 혁신이 제대로 자리를 잡으려면 구조 조정의 시간이 필요하기 때문이다. 대표적인 예가 바로 전기의 사용이다. 전동기계는 이미 1880년대부터 널리 사용됐지만 기업들은 한동안 기존 방식대로 공장을 세웠다. 여러 층의 건물을 지어 협소한 공간에 기계들을 빽빽이 채워 넣고, 지하실에 커다란 증기기관을 설치하여 이것으로 모든 굴대와 벨트를 돌리도록 설계했다는 의미다. 제1차 세계대전이 끝난 다음에야 기업들은 중앙 동력원이 필요치 않다는 사실을 적극 활용하기 시작했고, 그제서야 자재들을 이리저리 옮길 정도로 공간을 넓게 활용할 수 있는, 단층의 탁 트인 공장들이 지어졌다.

정보기술의 경우도 마찬가지였다. 마이크로프로세서가 발명된 것은 1971년이었고, PC가 널리 보급된 것도 1980년대 초반이었다. 그러나 이후에도 오랫동안 사무실에서 타자기와 먹지는 사라지지 않았다. 1990년대 중반에 이르러서야 본격적으로 사무실을 네트워크 연결하고 전자 데이터베이스를 축적하기 시작했다. 그러면서 미국의 생산성(평균 노동자가 1시간 동안 생산하는 양)이 급상승했고, 이것이 다시 이윤 증대와 인플레이션 통제로 이어지면서 그린스펀 시절의 좋은 경제뉴스들을 만들어낸 것이다. FRB 의장과는 아무런 상관도 없는 일이었다.

그린스펀은 인플레이션을 억제하거나 생산성에 혁명을 가져오진 않았다. 하지만 적절한 효과를 내는 듯 보였던 독특한 통화관리 방법을 갖고 있었다. 염두에 두어야 할 단어는 '보였던'이다. 그러나 일단은 먼저 그린스펀 의장 재임 시절의 특징적 요소들을 살펴보기로 하자.

미국의 보호자

앨런 그린스펀이 최장기 연준 의장은 아니었다. 최장기 재임의 영예는 1951년부터 1970년까지 연준을 이끈 윌리엄 맥체스니 마틴 주니어 William McChesney Martin Jr.의 몫이다. 이 두 사람의 통화 철학은 달라도 너무 달랐다.

마틴은 연방준비제도이사회의 임무가 "파티가 한창일 때 칵테일 테이블을 치우는 것"이라고 선언한 것으로 유명하다. 경제가 호황일 때 경기 과열로 인플레이션이 발생하지 않도록 연준이 이자율을 올려야 한다는 의미다. 이는 또한 연준이 (그린스펀의 표현대로) 금융시장의 '비이성적 과열'(irrational exuberance)을 예방하기 위해 노력해야 한다는 의미로도 해석될 수 있다.

그러나 지나친 과열을 경고한 그린스펀이 적극적인 조치를 취한 적은 단 한 번도 없었다. 그가 1996년 연설에서 '비이성적 과열'이라고 말한 것은 (직접적으로 언급하진 않았지만) 주가에 거품이 있다는 의미였다. 하지만 그는 이자율을 올리는 방법으로 시장의 열기를 식히지는 않았다. 주식 투자자들에게 신용거래보증금(margin requirement)을 부과하려고 하지도 않았다. 대신, 2000년에 결국 거품이 터지고 나서야 어지러운 난장판을 수습하려 했다.

로이터통신의 한 기자는 그린스펀이 마치 "십대 자녀를 둔 부모 같다"며 그를 신랄하고도 정확하게 꼬집었다. 자녀들의 파티를 막지는 않지만 시끄러운 소란이 도를 넘으면 조용히 들어와 주의를 주고, 또 파티가 끝나면 정리를 하려고 기다리는 보호자처럼 행동한다는 것이다.

그린스펀에게 공평하도록 말하자면, 사실 많은 경제학자들이 좌파든 우파든 모두 이러한 정책 독트린에 동의했다. 그리고 그린스펀이 호시절에 찬물을 끼얹지 않은 것이 미국 경제에 도움이 된 측면도 있다. 클린턴 시절에 놀라울 만큼 많은 일자리가 생겨났으니까 말이다. 만약 다른 사람이 연준을 이끌었더라면 아마도 이처럼 엄청난 성과를 거두지는 못했을 것이다.

1987년부터 미국의 실업률을 기록한 다음 쪽 그래프를 보면 이 점을 확실하게 알 수 있다. 두 번의 공식적 경기후퇴 기간은 회색 막대로 표시했다. 이 그래프에서 가장 두드러진 특징은 1993년부터 2000년까지 실업률이 크게 하락했다는 점이다. 덕분에 1970년 이후 처음으로 실업률이 4퍼센트 아래로 떨어졌다. 그린스펀이 한 일은 아니다. 그는 그저 흐뭇한 표정으로 상황을 방치했을 뿐이다. 변칙적 방법이긴 했지만 결과적으로 옳은 조치였다.

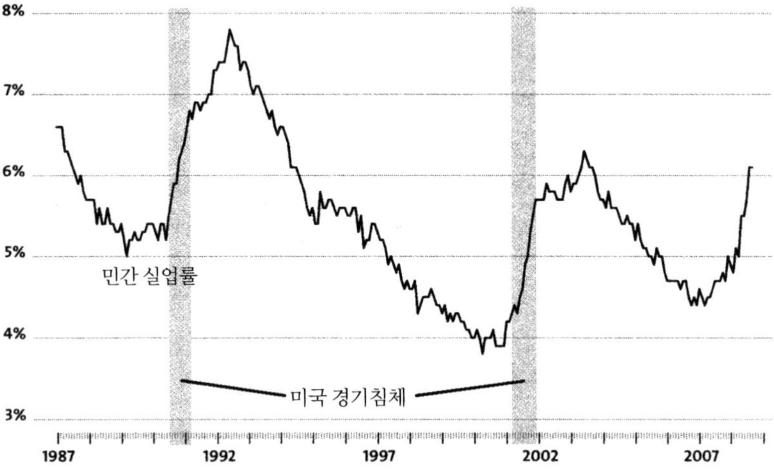

* 출처: 2008년 세인트루이스 연방준비은행. 미국 경제연구소(NBER)의 미국 경기침체 데이터를 근거로 미 노동부 노동통계청에서 발표한 민간 실업률.

1990년대 초중반 무렵의 전통적 견해는 실업률이 약 5.5퍼센트 밑으로 떨어지면 인플레이션에 가속이 붙기 시작한다는 것이었다.(나 역시 이에 동의했다) 앞선 20~30년 동안의 경험을 통해 이러한 교훈을 배웠다고 생각했다. 실제로 1980년대 후반에 실업률이 5퍼센트에 가까워지자 곧바로 인플레이션이 가속화되었다. 그리하여 1990년대 중반, 실업률이 전통적 위험 한계선 아래로 내려가자 경제학자들은 이구동성으로 그린스펀에게 이자율을 올려 인플레이션 재발을 막으라고 촉구했다.

그러나 그린스펀은 실제로 인플레이션이 닥치기 전까지 조치를 취하려 들지 않았다. 그는 근래의 생산성 향상이 실업률 하락과 인플레이션 사이의 역사적 상관관계를 바꿔놓았을지도 모른다는 추측을 공개적으로 밝히고, 이러한 견해를 토대로 인플레이션의 증거가 확실히 나타날

때까지 이자율 인상을 미루기로 했다. 그런데 실제로 경제의 무언가가 바뀐 것으로 드러났다. (경제학자들은 이것의 정체를 두고 아직도 논쟁중이다.) 실업률이 수십 년 만에 최저치를 기록했음에도 불구하고 인플레이션이 침묵을 지킨 것이다. 미국은 60년대 이후 처음으로 번영하고 있다는 느낌을 받았다.

일자리 창출만 놓고 보면, 파티가 한창일 때 칵테일 테이블을 치우지 않은 것은 결국 탁월한 조치였다. 그러나 자산 시장의 비이성적 과열을 두고 말한다면 그린스펀의 정책은 덜 성공적이었던 셈이다. 그린스펀이 얼마나 덜 성공적이었는지는 그가 의장직에서 물러난 다음에야 명확하게 드러났다.

그린스펀의 거품

이미 말했듯이 그린스펀은 비이성적 과열에 대해 경고만 했을 뿐 어떤 조치도 취하지 않았다. 사실, 이 연준 의장은 꽤나 독특한 이력을 가진 중앙은행 총재였다고 생각한다. 그가 의장으로 재직하는 동안 한 번도 아니고 두 번이나 거대한 자산 거품이 일었으니 말이다. 처음에는 증시에서, 다음에는 주택 부문에서 거품이 일었다.

다음 쪽 그래프는 이 두 거품의 시기와 규모를 나타낸 것이다. 선 하나는 주가의 적절성 여부를 판단할 때 흔히 참고하는 PER(주가수익률)을 나타낸 것이고, 다른 하나는 1987년 수치를 기준점 100으로 잡은 미국의 평균 PRR(임대비용 대비 주택가격 비율)이다. 1990년대의 주식거품과

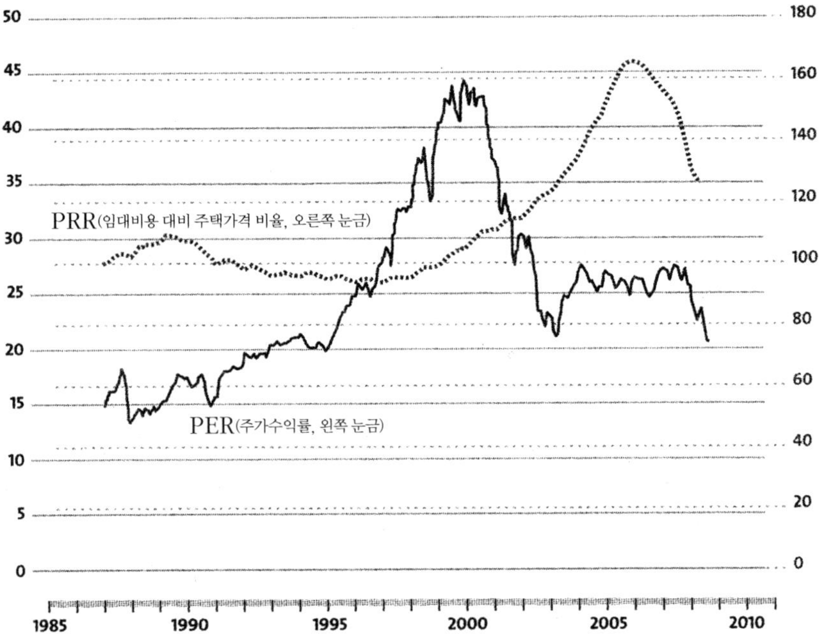

* 그래프의 주가수익률은 예일대학교의 로버트 실러가 산정한 것으로, 그는 주가와 지난 10년간의 평균 수익을 비교했다.(호황과 불황으로 인한 이윤상의 단기 변동을 완화하기 위해서다) 주택가격지수는 케이스-실러 미 주택가격 지수(Case-Shiller national index)이며, 임대수익에 대해서는 경제분석국(Bureau of Economic Analysis)의 자료를 사용했다.

그 다음 2000년대의 주택거품이 뚜렷하게 두드러진다. 전반적으로 주택가격은 주식가격처럼 과거의 표준에서 크게 벗어나지 않았다. 그러나 몇 가지 측면에서 이것은 적절한 해석이라고 볼 수 없다. 첫째, 주택은 주식보다 더 큰 거래다. 특히 주택을 주요자산으로 삼는 중산층 가정에게는 더욱 그러하다. 둘째, 주택가격 상승은 전국적으로 고르게 발생하지 않았다. 가용 토지가 많은 미국 중부의 주택가격은 전반적인 물가 상승률보다 크게 웃돌지 않았지만 해안 지방, 특히 플로리다와 캘리포니아 남부에선 평상시 PRR의 두 배를 훌쩍 넘어섰다. 마지막으로, 금융 시스템은 주식 불황의 부작용보다 주택가격 하락의 부작용에 훨씬 더 취약한 것으로 드러났다. 자세한 이유는 제9장에서 설명하겠다.

이러한 거품들은 어떻게 일어났을까?

1990년대의 주식거품은 크게 두 가지를 반영한다고 할 수 있다. 하나는 정보기술의 이윤 창출 가능성에 대한 극도의 낙관주의, 다른 하나는 경제가 안정되었다는 느낌, 즉 극심한 경기후퇴의 시절은 끝났다는 믿음이었다. 전자는 많은 주목을 끈 반면, 후자는 그렇지 못했지만, 주가를 놀라운 수준으로 밀어올리는 데 이 둘이 함께 동력으로 작용했다는 사실에는 의심의 여지가 없다.

오늘날 '닷컴거품'에 대해 모르는 사람은 없다. 닷컴거품의 가장 적절한 예는 아마도 미심쩍은 비즈니스 모델에 영리한 광고 캠페인을 결합해 회사의 가치를 놀랍도록 끌어올린 펫츠닷컴Pets.com 현상(귀여운 양말인형 마스코트를 통한 브랜드 이미지 창출에는 큰 성공을 거뒀으나, 매출증대로는 이어지지는 않아 결국 문을 닫았다. 양말인형은 전국적으로 큰 인기를 누렸고, 심지어 「피플」지와 인터뷰를 하거나 방송에 출연하기도 했는데, 마지막으로 인기 TV프로그램 〈굿모닝아메리카〉에 나와서 했던 말이 "닷컴 기업에 투자하지 마라"였다-옮긴이)일 것이다. 하지만 닷컴들만이 아니었다. 비즈니스 분야 전반에 걸쳐 많은 기업들이 신기술을 찬양하고 나섰다. 그들은 신기술이 모든 것을 바꾸었으며, 이윤 확대와 성장을 가로막는 낡은 방식의 시대는 끝났다고 떠들어댔다. 나중에 밝혀진 사실이지만, 이처럼 기분 좋은 뉴스가 나올 수 있었던 배경에는 분식회계도 있었다. 그러나 중요한 점은, 초창기에 마이크로소프트와 여타 IT기업의 주식을 산 사람들이 챙긴 막대한 수익에 고무된 투자자들이 다른 많은 기업들도 비슷한 기적을 이룰 수 있다고 쉽사리 믿었다는 사실이다. 그리고 여기에 또 하나의 착오가 더해졌다. 사람들은 자신이 투자한 기업을 모두 미래의 마이크로소프트로 보았지만, 경제 현실에는 또 다른 마이크로소프트가 들어갈 자리가 없었다. 그럼에도 봄날은 계속될 것 같았고 사람들은 기꺼이 이성을 잃었다.

주식을 사야하는 좀 더 진지한 이유도 있는 듯했다. 경제학자와 금융 전문가들은 주식이야말로 역사적으로 매우 훌륭한 투자처라고 장담했다. 최소한 장기투자자들에게는 말이다. 심지어 '주식 프리미엄'(equity premium) 수수께끼에 관한 경제학 논문도 나왔다. 수수께끼는 '채권 등 다른 투자처에 비해 지속적으로 훨씬 높은 수익을 안겨주는 주식에 사람들이 가진 돈 모두를 투자하지 않는 이유를 이해하기 힘들다'는 것이요, 해답은 '두려움 때문'이었다. 1930년대 대공황의 악몽, 그리고 (더 최근인) 1970년대 스태그플레이션 당시의 증시 약세에 대한 기억 때문이라는 진단이었다.(1968년부터 10년 동안 주식의 실제 가치는 연간 약 7퍼센트씩 하락했다) 그러나 물가상승률이 낮고 심각한 경기후퇴도 없는 '경제 안정기'가 계속되면서 두려움은 차츰 줄어들었다. 잘못된 자료를 토대로 쓴 『다우 36,000』(*Dow 36,000*)과 같은 책들이 베스트셀러가 되기 시작했다.(이 책의 저자들은 계산을 완전히 잘못했다. 하지만 실제로 계산기를 두드려보는 독자가 과연 있겠는가?)

주가 상승은 그 자체로 또 다른 주가 상승의 추진력이 됐다. 물론, 주식투자에 대한 합리적 의견들도 있었지만, 더 큰 소리에 묻혀 들리지 않았다. 1998년의 풍경은 이랬다. 주식을 산 사람들은 모두 돈방석에 앉은 반면, 기다린 사람들은 뒤처져 아픈 배를 움켜잡고 있었다. 그리하여 자금은 증시로 계속 유입되고 주가는 점점 더 오르면서 거품은 끝없이 커져만 갔다.

물론 한계는 있었다. 『비이성적 과열』(*Irrational Exuberance*)의 저자 로버트 실러**Robert Shiller**가 지적했듯이, 자산거품이란 계속해서 끌어들일 얼간이들이 존재하는 한 계속 돈을 벌게 되는 일종의 자연스런 '폰지형 사기 방식'(Ponzi scheme, 피라미드 방식)이다. 그러다가 결국 더 이상 끌어들일 얼간이가 없으면 모든 것이 무너지고 만다. 미 증시의 경우는 2000년 여름이었다. 이후 2년 동안 미국 주식은 평균 약 40퍼센트의 가치를 상실했다.

그러나 곧이어 다음 거품이 부풀어 오르기 시작했다.

어떤 면에서 주택거품은 1990년대의 주식거품보다 더 이해하기 힘든 것이었다. 물론 펫츠닷컴에 그토록 열광한 것은 어리석었지만 실제로 신나는 신기술의 세상이 기다리고 있지 않았던가. 게다가 거시경제적 향상이 있었던 것도 사실이고 –스태그플레이션은 일종의 위협으로 일축되었고 비즈니스 사이클도 안정된 듯 보였다– 일부 낡은 방식들이 더 이상 적용되지 않는다고 믿을 만한 근거도 있었다.

그러나 주택거품은 무엇으로 정당화해야 하는가? 우리는 집값이 상승하기 시작한 이유를 알고 있다. 2000년대 초반에는 주택 구입이 훌륭한 투자 수단이 될 수 있을 정도로 은행 이자율이 매우 낮았다. 그 이유는 잠시 뒤에 설명하겠다. 어쨌든 이로써 분명히 주택 가격의 소폭 상승은 정당화될 수 있다.

그러나 모든 낡은 방식들이 더 이상 적용되지 않는다는 믿음까지 정당화할 수는 없다. 집은 집이다. 대출을 받아 집을 사는 것은 미국인들의 오랜 습관이다. 그런데 2003년경부터 이러한 습관의 기본 원칙이 무너졌다고 믿을 만한 근거가 대체 어디 있단 말인가? 우리는 오랜 경험을 통해 주택 구입자들이 월 불입금을 감당할 수 없으면 모기지(담보대출)를 이용하지 말아야 한다는 점을 알고 있었다. 또한, 충분한 자금을 예치해 설령 집값이 소폭 하락하더라도 집의 순가(純價, 담보·과세 등을 뺀 가격－옮긴이)가 여전히 플러스로 남을 수 있도록 해야 한다는 점도 알았다. 그러면 이자율 변동에 따라 불입금 액수가 달라지긴 하겠지만 절대로 파국은 일어나지 않는다.

그러나 실제로 일어난 일은 전통적 원칙에 대한 완전한 무시였다. 개별 가구들의 '비이성적 과열'도 어느 정도 추진력을 제공했다. 집값이 끊임없이 오르는 것을 보고는 불입액 마련을 걱정하지도 않고 시장에 뛰어든 것이다. 그러나 더 큰 추진력은 대출 관행의 변화였다. 주택 구입자들은 대출을 받으며 계약금을 거의 혹은 전혀 지불하지 않았고, 이런 탓에 그들은 (처음의 낮은 '티저 금리' 기간이 끝나고 이율이 재조정되면) 다달이 감당할 수 없는 불입금을 떠안아야만 했다. 이 미심쩍은 대출은 주로 '서브프라임'(subprime, 비우량)이라는 이름으로 이뤄졌다. 그런데 단지 저소득층이나 소수민족 가정만이 감당할 수 없는 수준까지 대출을 받은 것은 아니었다. 서브프라임은 훨씬 더 광범위한, 일종의 전면적인 현상이었다.

대부업자들은 왜 대출기준을 완화했을까? 첫째, 집값이 계속 오르리라고 믿었기 때문이다. 집값이 오르는 한, 대부자의 관점에서 차용자가 대출금을 상환할 수 있는지의 여부는 크게 상관없다. 불입금이 너무 많다고 해도 차용자는 '후담보 대출'(home equity loan, 주택 구입가격에서 집을 담보로 은행에서 대출 받은 돈을 제외한 집의 가치를 담보로 또다시 대출받는 소위 '추가 대출'-옮긴이)을 이용해 현금을 좀 더 융통할 수 있으며, 최악의 경우에는 집을 팔아서 모기지를 갚으면 그만이다. 둘째, 대부업자들은 대출의 질을 걱정하지 않았다. 대부업자들은 더 큰 투자자들에게 채권 형식으로 담보물을 팔았는데, 이들은 자신이 무엇을 구입하는지도 몰랐다.

증권화된 주택 모기지 즉 '주택저당증권'(MBS, 모기지 채권)들을 한데 모은 다음, 차용자들이 상환할 지불금에 대한 지분을 투자자들에게 판매하는 것은 새로운 관행이 아니다. 그 유래는 1930년대까지 거슬러 올라가는데, 당시 정부의 후원을 받고 있던 대출기관 패니매Fannie Mae가 개척한 방식이다. 그러나 엄청난 주택 거품이 일기 전까지 증권화는 대개 '프라임'(prime, 우량) 모기지, 즉 상당액의 계약금을 지불하고 불입금도 충분히 감당할 수 있을 정도의 능력이 보장된 차용자들에게 해주는 대출만을 대상으로 했다. 물론 이들 가운데서도 뜻밖의 실직이나 의료비 지출 때문에 이따금씩 채무 상환을 못하는 경우가 생겼지만, 채무불이행 비율은 매우 낮은 수준이었으며, 주택저당증권을 구매하는 사람들도 어느 정도는 자신이 무엇을 사는지 알고 있었다.

서브프라임 모기지의 증권화를 가능케 한 금융 혁신은 '자산담보부증권'(collateralized debt obligation, CDO)에서 비롯됐다. CDO는 모기지 채권 집합에서 나오는 지불금에 대한 지분을 제공했지만, 모든 지분이 동등한 것은 아니었다. 일부 지분은 저당권자의 담보 처분 시 1순위 지불을 보장받는 '우선변제지분'이었다. 이들에 대한 지불이 끝나야 후

순위 지분에 대한 지불도 이루어지는 것이다. 원칙적으로 이렇게 되면 우선변제지분은 매우 안전한 투자 대상일 수밖에 없다. 설령 일부 저당권자가 채무불이행 상황에 처한다고 해도, 우선변제지분들의 현금 흐름에 문제를 야기할 정도로 문제가 커질 가능성이 얼마나 되겠는가?(나중에 밝혀진 바로는 꽤 높았다. 그러나 당시에는 이를 아는 사람이 거의 없었다) 그래서 등급평가기관들은 대상 모기지가 매우 미심쩍음에도 불구하고 CDO의 우선변제지분들을 기꺼이 AAA등급으로 평가했다. 이로써 서브프라임 대출에 대한 대규모 투자의 포문이 열렸다. AAA등급 증권이 아니면 결코 매수하지 않는 다수의 기관투자가들(예컨대 연기금 등)이 일반 채권보다 수익률이 훨씬 높은 AAA급 자산들을 기꺼이 사들이기 시작한 것이다.

집값이 계속 오르는 동안에는 모든 것이 좋아보였으므로 폰지형 사기가 꾸준히 이뤄졌다. 채무불이행이 거의 없는 주택저당증권이 높은 수익을 내자 자금은 계속해서 주택시장으로 흘러들어갔다. 나를 포함한 일부 경제학자들은 주요한 주택거품이 있으며, 이 거품이 터지면 경제는 심각한 피해를 입을 거라고 경고했다. 그러나 당국자들은 다른 견해를 피력했다. 특히 앨런 그린스펀은 집값 폭락 가능성은 희박하다고 단정했다. 그는 지역에 따라 주택 시장에 약간의 '프로스'(froth, '버블'보다는 한 단계 낮은 거품을 의미-옮긴이)가 있을 수는 있지만 전국적인 거품은 없다고 말했다.

그러나 실제로는 전국적인 거품이 있었고, 이것이 2006년부터 꺼지기 시작했다. 처음 속도는 매우 느렸지만 시간이 갈수록 점점 가속도를 얻었다. 그린스펀은 이미 벤 버냉키에게 연준 의장직을 물려준 상태였지만 여전히 어느 정도의 영향력을 갖고 있었다. 연준은 (그리고 부시 행정부는) 주택거품 붕괴의 영향력을 통제할 수 있으며, 버냉키도 그린스펀처럼 미국의 보호자 역할을 할 수 있다고 믿었다.

그러나 이들은 앞서 주식거품 붕괴 때의 경고를 기억하고 더 겸손했어야 마땅했다.

거품이 터졌을 때

1990년대 주식거품 붕괴의 후속 이야기는 대략 다음과 같다. 거품이 터지자 미국은 경기후퇴에 들어섰지만 그린스펀이 적극적으로 이자율을 인하하여 상황을 신속하게 되돌렸다. 당시의 경기후퇴는 그리 심각한 수준이 아니었으므로 GDP가 크게 떨어지지도 않았고, 불과 8개월 만에 끝이 났다.

그러나 실상은 다르다. 공식적인 경기후퇴 기간은 짧았지만, 이후 오랫동안 취업시장은 얼어붙어 있었다. 180쪽의 그래프를 보자. 실업률이 경기후퇴기간(회색 막대) 동안에 급격히 치솟은 것은 사실이지만 이후에도 꾸준한 상승세를 이어갔다. 취업난은 8개월이 아니라 사실상 2년 6개월 동안 계속되었다.

그렇다면 경기후퇴의 종식을 왜 그토록 일찍 선언했는가? 미국에서 경기후퇴의 공식적인 시작일과 종식일은 미국 경제연구소(National Bureau of Economic Research, NBER)와 연계된 독립적 경제학자위원회에서 결정한다. 이 위원회는 고용과 산업생산, 소비자지출, GDP 등의 다양한 지표들을 고려해 이것들이 모두 하락하고 있으면 경기후퇴를 발표하고, 그 중 몇 가지가 다시 상승하기 시작하면 경기후퇴의 종식을 선언한다. 이런 이유로, 2001년 후반에 산업생산과 GDP가 느린 속도로나마 다시 상승하기 시작하자 공식적인 경기후퇴는 끝난 것이다. 그러나 앞서 도표를 통해 확인했듯이 취업시장은 여전히 한겨울이었다.

연준은 취업시장의 약세와 전반적인 경제 둔화를 깊이 우려했다. 이 모든 것이 1990년대 일본을 상기시키는 듯 보였기 때문이다. 훗날 그린스펀은 '부식성 디플레이션'(corrosive deflation)의 가능성을 우려했다고 썼다. 그래서 이자율을 계속 낮춰 결국 연방기금금리를 1퍼센트까지 떨어뜨린 것이다.

통화정책이 마침내 견인력을 얻은 것은 주택시장을 통해서였다. 냉소주의자들은 그린스펀이 그저 주식거품을 주택거품으로 대체하여 성공을 거뒀을 뿐이라고 빈정댔다.(맞는 말이긴 하다) 당시 우리는 주택거품이 터진 다음을 생각해봤어야 마땅했다.(그러나 그런 사람은 거의 없었다) 연준은 주식거품 붕괴 이후의 침체에서 가까스로 경제를 구해냈지만 사실은 운 좋게도 적절한 시기에 또 다른 거품이 일었던 덕분이었다. 연준이 다시 한번 같은 업적을 이룰 수 있을까?

결국 주택거품이 터지면서 상상 훨씬 이상의 나쁜 결과가 야기되었다. 왜 그랬을까? 왜냐하면 바로, 금융시스템이 어떻게 변화했는지 완벽하게 이해한 사람이 아무도 없었기 때문이다.

Chapter 08

그림자 금융

은행은 제대로 기능할 때는 더없이 멋진 기관이며, 대개는 제 기능을 수행한다. 그러나 그렇지 못할 때는 엄청난 혼란을 야기할 수 있다. 지난해에 미국을 비롯한 세계 많은 곳에서 그랬듯이 말이다.

은행위기의 시대는 70년 전에 끝난 것이 아니었나? 오늘날 은행은 충분한 규제와 보험, 보증의 대상이 아닌가? 그럴 수도 있고 아닐 수도 있다. 전통적인 은행들은 그렇지만 현대 금융시스템에서 많은 부분을 차지하는 '사실상의 은행'들은 그렇지 않다.

이 문제를 이해하기 위해 은행 및 은행 규제의 역사를 선별적으로 간략히 살펴보겠다.

은행의 약사

현대적 은행의 시초는 아마도 금 세공인들이었을 거라고 한다. 그들은 본업으로 장신구를 만들었지만 부업으로 다른 이들의 돈을 맡아줌으로써 짭짤한 수입을 얻기도 했다. 가게에 훌륭한 금고가 있었기에 가능한 일이었다. 부유한 사람들이 현금을 숨겨두기에 침대 밑의 돈궤보다는 금 세공인의 금고가 더 안전한 장소였다.(조지 엘리엇의 소설 『사일러스 마너』*Silas Marner*를 기억하라)(소설에서 수전노 사일러스 마너는 돈을 도둑맞아 반미치광이가 된다-옮긴이)

그러다 어느 순간 금 세공인들은 맡아둔 돈의 일부를 이자를 받고 빌려줄 경우, 돈을 보관해주는 부업의 수익성이 훨씬 높아진다는 사실을 깨닫는다. 이로 인해 곤란한 상황에 처할 수도 있지 않을까? 돈 주인들이 나타나서 당장 자신의 돈을 내달라고 요구할 수도 있으니까 말이다. 그러나 금 세공인들은 평균의 법칙 때문에 이런 일이 일어날 가능성은 희박하다는 점도 깨달았다. 매일 돈 주인들 중의 일부가 와서 돈을 찾아가긴 하지만 하루에 돈 주인들 대부분이 몰려오는 일은 거의 없다는 얘기다. 따라서 그들은 일부만 보유하고 나머지는 빌려줄 수 있었다. 이렇게 해서 은행이 탄생한 것이다.

그러나 이따금 눈앞이 캄캄한 상태가 전개되기도 한다. 은행이 돈을 잘못 빌려줘서 큰 손해를 봤다는, 그래서 맡아둔 돈을 모두 돌려줄 능력이 안 된다는 소문이 도는 것이다.(이러한 소문은 사실일 수도 거짓일 수도 있다) 그러면 예치자들은 남은 자산이 바닥나기 전에 자신의 예금을 찾으려고 앞 다퉈 은행으로 달려간다. 이른바 '뱅크런'이 일어나는 건데,

설사 소문이 사실이 아니라고 해도 이러한 상황은 그 자체로 은행을 파산으로 몰고 간다. 은행은 급전을 그러모으기 위해 자산을 헐값에 처분하지만, 워낙 헐값이라 예금액을 모두 돌려줄 만큼 충분한 액수를 마련하지 못한다. 이렇듯 인출쇄도는 설사 허위 소문에 입각한 것이라도 건강한 기관들을 무너뜨릴 수 있다. 따라서 뱅크런을 일으키는 소문은 대개 '자기입증적 예언'이 되곤 했다. 은행은 큰 손실을 봤다는 소문 때문이 아니라 단순히 뱅크런을 겪을 것이라는 루머 때문에 망할 수도 있다.

이러한 소문을 만드는 원인은 여러 가지다. 그중 하나는 바로 다른 은행들이 이미 뱅크런을 겪었다는 사실에 기인한다. 대공황 이전의 미국 금융시스템 역사를 살펴보면 '패닉'이라는 단어가 여러 차례 등장한다. 1873년의 패닉, 1907년의 패닉 등이 그것이다. 이런 패닉들은 대체로 특정 은행의 붕괴가 다른 은행의 신용을 약화시켜 금융 기관들이 마치 도미노처럼 차례로 쓰러지는 일련의 전염성 뱅크런이었다.

한 가지 덧붙이자면, 이러한 대공황 이전의 패닉들과 1990년대 후반에 아시아를 휩쓴 금융 전염병 사이에 존재하는 모든 유사성은 결코 우연의 일치가 아니라는 거다. 모든 금융위기는 가족처럼 서로 닮는 경향이 있다.

은행가들과 정부는 은행 패닉에 대한 해결책을 강구하기 시작했다. 미국의 경우, 남북전쟁과 제1차 세계대전 사이의 기간 동안에는 중앙은행이 없었지만(연방준비은행은 1913년에 생겼다), 대신 약간의 관리를 받는 '국법은행'(national bank, 연방정부의 인가를 받은 미국의 상업 은행-옮긴이) 시스템이 있었다. 또 어떤 지역에선 은행가들이 재원을 한데 모아 만약 패닉이 발생하면 가맹 은행의 책임을 공동으로 보증해주는 지역

어음교환소를 만들었으며, 일부 주정부들은 은행 예금에 대한 예금보험을 제공하기 시작했다.

그러나 1907년의 패닉은 이러한 시스템의 한계를 보여주었다.(그리고 소름끼치게도 현재의 위기를 점쳤다) 1907년 위기의 발단은 '신탁회사'(trust)로 알려진 뉴욕의 기관들이었다. 이들은 은행과 흡사하게 예금을 받긴 했지만 원래는 부유층의 유산과 재산을 관리할 목적으로 세워진 회사였다. 신탁회사들은 리스크가 낮은 활동에만 관여하는 것이 원칙이었으므로 국법은행만큼 규제를 받지도 않았고, 지불준비율과 현금준비금 보유액도 더 낮았다. 그러나 20세기의 첫 10년 동안 경제가 호황을 누리면서 신탁회사들은 부동산과 주식시장에 투기를 하기 시작했다. 이는 국법은행들에게는 금지된 영역이었다. 신탁회사들은 국법은행에 비해 규제를 덜 받았기 때문에 예금자들에게 더 높은 수익을 제공할 수 있었다. 한편, 그들은 건실하다고 알려진 국법은행의 평판에 편승했으므로 예금자들은 이 두 기관이 똑같이 안전하다고 생각했고, 그 결과 신탁회사들은 급속한 성장을 거듭해 1907년에는 뉴욕시 신탁회사들의 총 자산가치가 국법은행들의 그것만큼이나 늘어났다. 그런데 신탁회사들은 뉴욕 어음교환소에 가입하기를 거부했다. 뉴욕시 국법은행들이 서로의 지불능력을 보증하기 위해 공동으로 만든 이 기관에 가입하면 현금준비금 보유율을 높이고 이윤을 줄여야 했기 때문이다.

1907년의 패닉은 뉴욕의 대형 신탁회사 니커보커트러스트Knickerbocker Trust가 투기성 주식거래로 큰 금액의 손실을 입고 간판을 내리면서부터 시작되었다. 곧이어 겁먹은 예금자들이 돈을 인출하기 위해 다른 신탁회사들 앞에도 길게 줄을 늘어섰고, 자금압박을 받은 신탁회사들은 뉴욕 어음교환소에 지원을 요청했으나 거절당했다. 건실한 회사들마저도 심각한 뱅크런을 겪기에 이르렀다. 이틀 만에 12개의 주요 신탁회사들이 파산했다. 신용시장은 얼어붙었다. 또 신용대출을 통한 주식 거래 자금 마련이 불가능해지고 해당 업계 전반에 대한 신뢰가 사라지면서 증시도 폭락했다.

다행히 뉴욕의 첫째가는 부호이자 은행가인 J. P. 모건Morgan이 재빨리 개입해 패닉을 진정시켰다. 이러한 위기가 확산되면 신탁회사든 은행이든 건강한 기관들까지 모조리 휩쓸려 쓰러진다는 사실을 잘 알고 있던 그는 존 D. 록펠러와 같은 다른 부유한 은행가들 및 재무장관과 협력하여 은행과 신탁회사들이 뱅크런 공격을 버텨낼 수 있도록 준비금을 지원해주었다. 사람들이 돈을 인출할 수 있다는 확신을 얻게 되자 패닉은 진정되었다. 패닉 자체가 지속된 것은 약 1주일에 불과했지만 패닉과 주식시장 붕괴는 경제에 큰 타격을 입혔다. 이후 4년 동안 경기후퇴가 이어지면서 생산량은 11퍼센트 하락했고 실업률은 3퍼센트에서 8퍼센트로 상승했다.

가까스로 재난을 피하기는 했지만, 이른바 '도금시대'(Gilded Age, 겉은 화려한 성장을 이뤘지만 속은 부패로 썩은 미국의 물질 만능시대–옮긴이)에도 J. P. 모건에게 의지해 다시 한번 세상을 구한 것은 그리 좋은 생각이 아니었던 듯하다. 그리하여 1907년의 패닉이 끝나자 은행 개혁이 뒤따랐다. 1913년에 국법은행 체계를 버리고 연방준비제도를 창설했다. 모든 예금기관은 적정액의 준비금을 보유해야 하며, 모든 계좌는 정부의 통제를 받는다는 내용이 골자였다. 이 새로운 제도는 은행의 준비금 보유를 표준화하고 중앙집권화 했지만, 이것만으로는 뱅크런의 위협을 불식시킬 수 없었다. 미국 역사상 최악의 은행위기는 1930년대 초반에 나타났다. 경기가 후퇴하면서 상품 가격이 폭락하고, 이로 인해 빚이 있는 농부들이 극심한 타격을 입게 되자 채무불이행이 줄줄이 이어지면서 1930년과 1931년, 1933년에 뱅크런이 일어난 것이다. 세 번 모두 중서부 은행들에서 시작해 전국으로 퍼져나갔다. 경제사가들은 입을 모아 그저 심한 경기후퇴에서 그칠 수 있었던 상황이 은행위기 때문에 대공황으로 발전했다고 말한다.

여기에 대한 대응으로 더 많은 보호 수단을 갖춘 체계가 만들어졌다. 글래스-스티걸법(Glass-Steagall Act)은 은행을 두 종류로 나눠, 예금을 받는 상업 은행과 예금을 받지 않는 투자 은행으로 구분했다. 정부는 상업 은행들의 리스크 감수 수준을 제한한 대신, 그들이 연방준비은행의 신용(대출)에 쉽게 접근할 수 있도록 해주었다. 이른바 '할인 창구'(discount window, 연방준비은행이 어음할인 등을 통해 은행에 자금을 공여하는 지원형태-옮긴이)라는 것이었다. 무엇보다 중요한 점은 그들의 예금이 국고의 보증을 받게 되었다는 사실이었다. 투자 은행들에 대한 규제는 훨씬 느슨했는데, 왜냐하면 비예금기관으로서 뱅크런에 처할 위험이 없다고 간주되었기 때문이다.

이 새로운 시스템은 거의 70년 동안 금융위기를 막아냈다. 물론 때로는 좋지 않은 상황이 벌어지기도 했다. 대표적인 예가 1980년대 저축대부조합들의 파산으로, 부적절한 정책에 불운이 더해져 발생한 사건이었다. 일종의 특수 은행인 이들은 대다수의 주택자금 대출을 제공했는데, 연방이 그 예금을 보증했기 때문에 결국 파산에 따른 모든 수습 비용을 납세자들이 짊어질 수밖에 없었다. 총액은 GDP의 약 5퍼센트에 달했다.(현재 가치로 환산해 7,000억 달러 이상) 저축대부조합들의 파산으로 인해 단기 신용경색이 생겨났고, 이는 다시 180쪽 도표를 통해 확인할 수 있듯이 1990~91년 경기후퇴의 주요 원인 중 하나로 작용했다. 그러나 여기까지였다. 사람들은 이제 은행위기의 시대가 끝났다고들 말했다.

하지만 착각이었다.

그림자 금융시스템

은행이란 무엇인가?

바보 같은 질문으로 보일 수도 있다. 은행이 어떤 모습인지는 누구나 알고 있지 않은가? 커다란 대리석 건물(요즘에는 쇼핑몰 상점 같은 외관을 갖춘 곳도 있다) 안에서 창구 직원들이 현금을 받거나 내주고, 창문에는 '미 연방예금보험공사 보증'(FDIC insured)이라는 문구가 적힌 곳이 바로 은행이다.

그러나 경제학자의 관점에서 은행은 외관이 아니라 기능으로 정의된다. 사업수완이 능한 금 세공인의 시대에서 현재에 이르기까지 은행의 본질적 특징은 돈을 맡긴 예금자들에게 언제든, 심지어 자산의 대부분을 즉시 현금화할 수 없는 대상에 투자한 상황에서도 바로 현금을 내줄 수 있다고 약속하는 것이다. 이런 일을 수행하는 기관이나 장치는 모두 은행이다. 설사 커다란 대리석 건물에 자리 잡지 않았다고 해도 말이다.

예를 들어, '경매방식채권' (auction-rate security, ARS)을 생각해보자.

1984년 리먼브라더스Lehman Brothers가 고안한 이 제도는 뉴욕·뉴저지 항만청부터 뉴욕의 메트로폴리탄 미술관에 이르는 여러 기관들이 선호하는 자금조달원이 되었다. 운용 방식은 다음과 같다. 개인들이 차용 기관에 장기간 돈을 빌려준다. 법적으로 이 돈은 30년까지 묶어둘 수 있다. 하지만 해당 기관은 짧은 간격을 두고(대개 1주일에 한 번) 작은 경매를 열어 손을 떼려는 기존 투자자들의 권리를 신규 투자자들이 구입할 수 있게 한다. 이 입찰 과정에서 결정된 이자율이 다음번 경매가 열리기 전까지 해당 채권에 투자된 모든 자금에 적용된다. 만약 경매가 실패하면, 즉 매물로 나온 기존의 권리가 모두 팔릴 수 있을 만큼 입찰이 충분치 않으면 이자율은 범칙금리로, 일테면 15퍼센트까지 올라간다. 그러나 사람들은 이런 일이 일어날 거라는 예상은 하지 않았다. 왜냐하면 ARS란 장기 자금의 안정적 조달을 원하는 차용자의 희망과 현금화가 쉬운 자산 운용이라는 대출자의 바람을 동시에 만족시키는 것이었기 때문이다.

잠깐, 은행도 같은 일을 하지 않는가?

그렇다고 해도 ARS는 은행 거래에 비해 양자 모두에게 더 이득인 듯 보였다. ARS 투자자들은 은행 예금보다 더 높은 이자를 받았고, 채권 발행자들은 장기 은행 대출을 받을 때보다 낮은 이자를 지불했다. 세상에 공짜 점심은 없다고 밀턴 프리드먼은 말했지만 ARS는 정말 공짜처럼 보였다. 어떻게 이럴 수 있었을까?

답은 분명해 보인다. 적어도 지금에 와서 돌이켜보면 말이다. 은행들은 심한 규제를 받는다. 따라서 상당한 자본에 더해 유동성 준비금을 갖고 있어야 하며, 예금보험제도에도 돈을 지불해야 한다. 반면, ARS를 통해 자금을 빌리는 경우라면 이러한 규제와 여기에 따르는 수반 비용을 피해갈 수 있다. 하지만 이는 또한 ARS가 은행안전망의 보호를 받지 못한다는 의미이기도 했다.

아니나 다를까, 한때 총액이 무려 4,000억 달러에 달했던 ARS 시스템은 2008년 초반에 붕괴하고 말았다. 신규 투자자들이 충분히 몰리지 않자 경매가 하나둘 실패하기 시작한 것이다. 투자액을 언제든 현금화할 수 있다고 생각한 투자자들은 갑자기 수십 년짜리 투자에 돈이 묶였음을 깨달았다. 한 번의 경매가 실패하자, 그 다음 경매도, 또 그 다음 경매도 실패했다. 이처럼 '너무' 영리한 투자 방식의 위험성이 드러난 상황에서 누가 여기에 신규 자금을 쏟아 넣겠는가?

경매방식채권 사건은 사실상 전염성 강한 일련의 뱅크런인 셈이었다.

1907년 패닉과의 유사성이 명백하게 보이는가? 20세기 초반, 은행과 비슷한 역할을 수행했지만 규제의 틀 밖에 있었기 때문에 더 나은 거래 조건을 제공할 수 있었던 신탁회사들도 급격한 성장세를 보이다가 결국 금융위기의 원흉으로 전락하지 않았던가? 그로부터 1세기 후에 똑같은 일이 일어난 것이다.

오늘날, 비은행 금융기관의 역할을 하는 기관이나 장치를 일반적으로 '유사 금융시스템'(parallel banking system) 또는 '그림자 금융시스템'(shadow banking system)이라고 부른다. 나는 후자가 좀 더 정확하고 생생한 용어라고 생각한다. 연방준비제도의 일부로서 예금을 받는 전통적인 은행들은 햇빛 속에서 운영된다고 말할 수 있다. 회계는 투명하고, 정부가 어깨 너머로 감시를 하고 있으니까 말이다. 반면, '사실상의 은행'이라고 할 수 있는 비예금성 금융기관들은 훨씬 더 모호한 방식으로 운영된다. 실제로 위기가 닥치기 전까지 그림자 금융시스템의 영향력을 제대로 파악한 사람은 거의 없었던 듯 보인다.

2008년 6월, 티머시 가이트너Timothy Geithner 뉴욕 연방준비은행 총재는 뉴욕 경제클럽(Economic Club of New York) 연설에서 주택거품 붕괴가 어떻게 금융시스템에 이토록 큰 손상을 입힐 수 있었는지를 설명하고자 했다. (가이트너는 아직 최악의 상황이 오지 않았다는 사실을 모르고 있었다.) 가이트너의 아래 연설문은 금융 전문용어가 많이 섞여있기 때문에 일반 독자들이 이해하기 쉽지 않을 테지만 그가 통제불능 상태에 빠진 금융시스템 때문에 큰 충격을 받았다는 사실은 누구라도 알 수 있을 것이다.

> "금융체계의 구조가 근본적으로 변했습니다. 전통적 은행 체계에 포함되지 않는 자산의 점유율이 호황기에 극적인 성장을 보였기 때문입니다. 이러한 비은행 금융시스템은 특히 금융 및 융자 시장에서 매우 크게 성장했습니다. 2007년 초반에 투자기관들이 보유한 자산유동화기업어음(ABCP conduit)과 경매방식우선채권, 조건부채권(TOB), 약정금리약속어음 등의 자산 규모는 모두 합쳐 약 2조 2,000억 달러에 달했습니다. 하룻밤 사이에 삼자간 리포(triparty repo, 'repo'는 환매조건부 채권매매를 의미하는 'repurchaser agreement'의 약자–옮긴이)에 조달되는 자산은 2조 5,000억 달러로 증가했으며, 헤지펀드 보유 자산은 약 1조 8,000억 달러로 늘었습니다. 당시 5개 주요 투자은행의 장부 합산 수치는 총 4조 달러였지요. 이와 비교하여, 당시 미국 5대 은행 지주회사들의 총자산은 6조 달러를 조금 웃도는 정도였습니다. 그러니까 전체 은행 체계의 총자산이 약 10조 달러였던 셈입니다."

가이트너는 ARS를 포함한 모든 범위의 금융 제도를 비은행 금융 체계, 즉 규제를 받는 은행은 아니지만 은행과 동일한 기능을 수행하는 체계의 일부로 간주했다. 그리고 계속해서 이 새로운 체계가 얼마나 취약한지를 지적했다.

"단기부채로 자금을 조달하는 이런 자산들은 장기적 리스크가 높고 상대적으로 비유동적입니다. 따라서 유사 금융 체계의 기관들 다수가 고전적 유형의 인출쇄도에 취약한 상태죠. 하지만 이들은 은행 체계가 같은 성격의 리스크를 줄이기 위해 의존하는 예금보험 등의 보호장치조차 갖추지 못했습니다."

실제로 그가 언급한 부문들 가운데 몇 가지는 이미 붕괴했다. 앞서 말했듯이 경매방식채권은 사라졌고, 자산유동화기업어음(주택저당채권을 포함해 장기자산에 돈을 투자하는 펀드들이 발행하는 단기부채)은 시들해졌으며, 5대 투자은행 가운데 둘은 파산했고, 다른 하나는 전통적 은행에 합병되었다.(베어스턴스와 리먼브라더스는 사실상 파산했고, 메릴린치는 뱅크오브아메리카에 합병됐다-옮긴이) 그리고 나중에 가이트너가 놓친 주요 취약점이 몇 가지 더 있었던 것으로 밝혀졌다. 미국 정부는 세계 최대의 보험회사인 AIG를 사실상 국유화해야 했고, 캐리 트레이드, 즉 일본처럼 이자율이 낮은 국가에서 자금을 빌려 다른 나라의 고수익 주식이나 채권에 투자하는 국제 금융 방식은 2008년이 끝나갈 무렵 내파內破했다.

그러나 위기 자체에 대한 논의는 다음 장에서 계속하고, 지금은 일단 위기 증대와 관련된 질문을 던져보기로 하자. 비은행 금융시스템이 이렇게 취약해질 때까지 방치한 이유는 무엇인가?

악의적 방치

금융위기가 일어나자 불가피하게 '악당 사냥' 즉 문책이 뒤따랐다.

위기에 대한 비난 가운데 일부는 전적으로 비논리적이다. 일테면, (우익들 사이에서 인기를 끄는 설명인) 모든 문제의 원인은 지역재투자법(Community Reinvestment Act)이라는 주장이 그렇다. 지역재투자법 때문에 은행들이 울며 겨자 먹기로 신용이 불량한 소수민족 주택매입자들에게 대출을 해줬다는 논리다. 그런데 이 법이 통과된 것은 1977년이다. 30년 뒤에 일어난 위기의 책임을 뒤집어쓴다는 것은 말이 안 된다. 게다가 해당 법은 예금 은행들에만 적용되는데, 주택거품 시기에 일어난 부실 대출을 어떻게 이들의 탓으로 돌리겠는가?

완전히 틀린 것은 아니지만 올바르지 않은 비난들도 있다. 보수주의자들은 주택거품이 일고 금융시스템이 취약해진 탓을 대부업체인 패니매와 프레디맥Freddie Mac에게 돌리곤 한다. 이들은 정부의 후원을 업고 금융 증권화를 개척한 회사들이다. 방금 말했듯이 이들의 주장이 아주 틀린 것은 아니다. 하지만 1990년대에 (저축대부조합들이 사라진 빈자리를 꿰차고) 거대하게 성장한 패니매와 프레디맥은 일부 무모한 대출을 하거나 회계부정 사건에 휘말리는 등 다양한 스캔들로 인해 2003년 무렵부터 정부의 감시를 받는 처지였기 때문에 막상 주택거품이 가장 크게 부풀었던 2004~2006년에는 시장에 크게 동참하지 못했으며, 따라서 부실 대출이 유행병처럼 번지는 데에도 큰 역할을 하지 못했다.

좌익들은 주로 위기의 근원으로 규제 철폐를 꼽는다. 특히 1999년 글래스-스티걸법의 폐지가 비난의 핵심이다. 이로 인해 일반 은행들이 투자은행의 영역에 뛰어들어 더 많은 리스크를 떠안게 됐다는 논리다. 돌이켜보면 이것은 확실히 잘못된 조치였으며, 따라서 미묘한 방식으로 위기에 기여했을 수도 있다. 예를 들어, 호황기에 생겨난 고高 리스크 금융구조 가운데 하나가 일반 은행들의 장부외 운영이었다. 그러나 이번 위기는 규제 철폐로 새로이 리스크를 떠안은 기관들 때문에 일어난 것이 아니라 애당초 규제를 받지 않은 기관들이 높은 리스크를 감수했기 때문에 벌어진 일이었다.

나는 바로 이것이 사건의 핵심이라고 주장하는 바이다. 그림자 금융시스템이 확장돼 전통적인 은행들과 비등하게 됐거나, 혹은 더 중요해졌다면 정치인과 관리들은 대공황의 원인이 된 금융 취약성이 다시 생겨나고 있음을 깨닫고 기존의 규제와 금융 안정망을 확장해 새로운 금융 체계를 모두 아우르게 하는 방식으로 대응했어야 마땅했다. 영향력 있는 인물들이 나서서 한 가지 간단한 규칙, 즉 은행과 똑같은 기능을 하는 모든 기관들, 다시 말해 은행과 똑같은 방식으로 구제되어야 하는 모든 기관들을 은행과 똑같이 규제한다는 내용의 규정을 발표했어야 했다는 얘기다.

사실, 제6장에서 설명한 롱텀캐피털 매니지먼트의 위기 역시 그림자 금융시스템의 위험성에 대한 객관적 교훈으로 삼았어야 마땅했다. 분명히 적지 않은 수의 사람들이 그림자 금융시스템의 붕괴 위험을 알아차리고 있었다.

그러나 경고는 무시되었고 규제 확대 조치는 결코 취해지지 않았다. 오히려 당시의 대세는 (그리고 조지 W. 부시 행정부의 이데올로기 역시) 반反규제였다. 이러한 분위기는 2003년의 한 사진촬영 행사만 봐도 알 수 있다. 이 행사에서 다양한 금융감독기관의 대표들은 가위와 전기톱을 들고 상징적으로 규제 더미를 베어내는 장면을 연출했다. 실제로 부시 행정부는 기능이 모호한 통화감독청(OCC) 등 여러 연방 기관들을 동원해 서브프라임 대출을 감시하려는 주정부들의 노력을 막았다.

한편, 그림자 금융시스템의 취약성을 걱정해야 할 사람들이 오히려 이러한 '금융 혁신'을 찬양하고 있었다. "리스크 충격에 대한 개별 금융기관들의 내구력이 더 강해졌을 뿐 아니라 금융시스템 전반의 탄력성도 좋아졌습니다." 2004년 앨런 그린스펀은 이렇게 선언했다.

금융시스템뿐 아니라 경제 전반에 걸쳐 위기가 찾아올 위험성이 점차 커지고 있었지만 이 모든 것이 묵살되거나 간과되었다. 그리고 결국 위기가 찾아왔다.

Chapter 09

공포의 총합

2007년 7월 19일, 다우존스산업평균지수는 처음으로 1만 4,000선을 돌파했다. 그로부터 2주 후 백악관은 부시 행정부의 경제적 성과를 자랑하는 개황 보고서를 발표했다. 보고서는 "대통령의 친親성장 정책이 우리 경제를 강하고 유연하며 역동적으로 유지하고 있다"고 선언했다. 그렇다면 주택시장과 서브프라임 모기지 분야에서 이미 가시화된 문제들은 무엇이란 말인가? 이것들은 "대부분 억제되었다"고 헨리 폴슨 Henry Paulson 재무부 장관이 8월 1일 베이징 연설에서 말했다.

8월 9일, 프랑스 은행 BNP 파리바Paribas가 자사 펀드 3개에 대한 환매 중단을 선언했다. 그리고 21세기 들어 첫 번째 대규모 금융위기가 시작되었다.

나 역시 이번 위기가 과거에 목격한 것들과는 완전히 다른 종류라고 말하고 싶다. 하지만 어쩌면 이전에 목격한 모든 위기들과 똑같다고,

아니 그 모든 것을 한꺼번에 보는 것 같다고 말하는 편이 더 정확할지도 모른다. 부동산 거품의 붕괴는 1980년대 말 일본에서 일어난 일과 흡사하고, 은행 인출쇄도 물결은 (일반 은행이 아니라 그림자 은행 체계에 있는 은행들이긴 하지만) 1930년대 초반의 뱅크런과 비교할 수 있으며, 미국의 유동성 함정 역시 일본의 경우를 상기시킨다. 그리고 가장 최근에 일어난 국제 자본 흐름의 혼란과 통화위기의 물결은 1990년대 후반 아시아에서 일어난 상황을 그대로 재현하는 듯하다.

본론으로 들어가 보자.

집값 폭락과 그 결과

미국의 주택 대호황은 2005년 가을부터 꺼지기 시작했지만 대부분의 사람들이 이를 깨닫기까지는 어느 정도 시간이 걸렸다. 다수의 미국인들이 (계약금이 없고 티저금리 대출이 가능한데도 불구하고) 집을 살 수 없을 정도로 집값이 오르자 매매가 줄어들기 시작했다. 거품에서 쉿쉿 소리를 내며 바람이 새어나오기 시작한 것이다.

그러나 이후에도 집값은 한동안 상승세를 유지했다. 예상된 일이었다. 주택은 하나의 시장가격이 시시각각 바뀌는 주식과는 다르다. 집값은 제각각이며, 판매자들은 실구매자를 찾기까지 한동안 기다릴 것을 예상한다. 따라서 집값은 주로 최근에 팔린 다른 집들의 가격을 토대로 결정된다. 판매자는 자신이 제시한 가격으로 거래가 이루어지기 힘들다는 점을 아프게 깨닫기 전까지는 가격을 내리지 않는다. 2005년까지 몇 년 동안 집값이 매년 꾸준히 급등하자 판매자들은 이러한 경향이 지속될 것을 기대했고, 따라서 판매가 감소해도 한동안 호가는 계속해서 올라갔다.

그러다가 2006년 늦봄에 이르러 시장의 약세가 드러나기 시작했다. 가격은 처음에는 서서히 떨어졌지만 어느 순간부터 급락의 물살을 탔다. 널리 사용되는 케이스-실러 주택 가격 지수에 따르면 2007년 2분기까지의 집값 하락률은 1년 전 정점 대비 약 3퍼센트에 불과했다. 그러나 이듬해 1년 동안 무려 15퍼센트가 넘게 떨어졌다. 물론, 가격하락폭은 거품이 가장 크게 일었던 지역, 일테면 플로리다 해안 등지에서 더욱 크게 나타났다.

그러나 서브프라임 대출 붐의 근거가 되었던 여러 가정들은 처음의 점진적 가격 하락 때부터 무너져내릴 수밖에 없었다. 서브프라임 대출의 핵심 근거는 바로 대부자의 관점에서 차용자의 실제 모기지 상환 능력은 문제가 되지 않는다는 믿음이었다. 집값이 계속 오른다면 차용자는 만약 상황이 어려워져도 언제든 재융자를 받거나 집을 팔아 상환할 수 있을 테니 말이다. 그러나 집값이 오르기는커녕 떨어지기 시작하면서 집을 쉽게 팔 수 없게 되자 곧바로 채무불이행 건수가 많아지기 시작했다. 그리고 이 시점에서 또 하나의 불쾌한 진실이 드러났다. 유질처분(담보물을 찾을 권리의 상실–옮긴이)은 주택소유자에게도 비극이지만 대부업자에게도 불리한 거래라는 점이다. 유질처분된 주택을 시장에 다시 내놓을 때까지 걸리는 시간과 법적 비용, 사람이 살지 않는 빈집은 쉽게 낡아버린다는 점 등을 감안할 때 차용자의 집을 취득한 채권자는 대체로 대출금을 온전히 회수할 수 없었으며, 심지어 원금의 절반 정도

선에서 만족해야 하는 경우도 많았다.

그렇다면 차라리 차용자의 상환금을 적당히 줄여주는 편이 이득 아닌가? 유질처분에 따르는 비용을 아낄 수 있을 테니까 말이다. 그러나 차용자와의 의견 조율 역시 비용이 들고 인력이 필요한 일이다. 더 중요한 점은, 대부분의 경우에 있어 서브프라임 대출을 보유하고 있는 은행이 대출의 주체가 아니라는 데 있다. 대출의 주체는 대출자산보유자(loan originator)들로서, 이들이 대출을 재빨리 금융기관에 팔면 금융기관들은 이러한 모기지 채권 집합을 자산담보부증권(CDO)으로 나누고 쪼개어 투자자들에게 매도한다. 대출의 실질적 관리는 융자기관(loan servicer)들의 몫이었는데, 이들 융자기관은 자본도 없을뿐더러 대개는 대출재조정에 관여할 권한도 갖지 못했다. 그리고 또 한 가지, 서브프라임 대출을 뒷받침하는 '금융 공학'의 복잡성으로 인해 모기지의 소유권은 각양각색의 우선변제권을 주장하는 수많은 투자자들이 나눠 가졌고, 그리하여 어떤 종류의 채무탕감이든 법적으로 매우 어려워져버렸다.

따라서 재조정이 이루어진 경우는 거의 없었으며, 대신 비용이 많이 드는 유질처분 방식이 사용되었다. 이는 곧, 서브프라임 모기지 담보증권은 만약 주택 붐이 주춤하면 곧바로 부실 투자로 전락한다는 의미였다.

2007년 초에 진실의 순간이 닥쳤다. 서브프라임 대출의 문제점이 처음으로 명백해졌을 때였다. 앞에서도 말했듯이 자산담보부증권에는 지분에 차등을 두는 우선변제권 방식이 적용됐다. 평가기관들이 AAA 등급으로 평가한 우선변제지분들이 가장 먼저 지불되며, 이보다 낮은 평가를 받은 지분들, 즉 우선 변제 순위에서 상대적으로 밀려나 있는 지분들은 우선변제지분이 모두 지불된 다음에야 몫을 챙길 수 있었다.

2007년 2월경, 비교적 등급이 낮은 지분은 필경 큰 손실을 볼 거라는 인식이 서서히 퍼지면서 이러한 지분들의 가격이 폭락했다. 이것이 서브프라임 대출의 전체 과정을 어느 정도 끝냈다고도 할 수 있다. 아무도 낮은 등급의 지분을 사려 하지 않자 서브프라임 대출을 더 이상 재포장해 판매할 수 있는 가능성이 사라졌고, 자금줄도 끊겼다. 이는 다시 주요한 주택 수요의 원천을 없앤 셈이라 주택 시장의 후퇴를 가속화했다.

그럼에도 불구하고 오랫동안 투자자들은 자산담보부증권의 우선변제지분들만큼은 적절한 보호를 받고 있다고 믿었다. 2007년 10월까지도 서브프라임 기반의 모기지 채권들 가운데 AAA등급 지분은 여전히 액면가에 가까운 가격으로 거래되었다. 그러나 결국 주택과 관련한 것은 어느 것도, 즉 우선변제지분이나 심지어 상당액의 계약금을 낸 우수한 신용등급의 차용자에게 해준 대출조차도 안전하지 못하다는 사실이 분명해졌다.

무엇 때문이었을까? 막대한 규모의 주택 거품 때문이었다. 2006년 여름까지 미국의 주택 가격은 전국적으로 필경 50퍼센트 이상 과대평가되었을 것이다. 이는 곧 과대평가를 되돌리려면 집값의 3분의 1은 떨어져야 한다는 의미였다. 일부 대도시 지역에서는 이러한 과대평가가 훨씬 심각했다. 예를 들어 마이애미의 집값은 펀더멘털이 정당화할 수 있는 수준의 최소 2배에 달하는 것으로 드러났다. 그렇다면 일부 지역에서는 집값의 50퍼센트 이상 하락도 점칠 수 있었다.

이것은 사실상 거품이 한창인 시절에 집을 산 사람은 누구든, 심지어 계약금을 20퍼센트까지 낸 사람이라도 결국 마이너스 순가 상태, 즉 모기지 액수가 집값보다 더 많은 상태에 도달하게 된다는 의미였다.

실제로 2008년 말경 미국 주택소유자 약 1,200만 명이 마이너스 순가에 도달했다. 이들은 그 배경에 관계없이 채무불이행이나 유질처분의 가능성이 가장 높은 대상이다. 우선, 이들 중 일부는 그저 포기하는 쪽을 택할 것이다. 해당 주택을 잃어도 그편이 금전적으로 덜 손해라는 생각에서 저당물을 포기하는 쪽을 택할 거라는 얘기다. 이러한 포기 현상이 실제로 얼마나 중요한 역할을 하는지 명확하게 밝혀진 바는 없지만, 이 밖에도 채무불이행의 원인은 수없이 많다. 실직이나 뜻밖의 의료비 지출, 이혼 등의 다양한 사유가 주택 소유주의 모기지 상환 능력을 떨어뜨리는 원인이 될 수 있다. 그리고 집값이 모기지 가치보다 낮으면 대부업자도 온전할 수 없다.

사람들이 주택 가격 폭락의 심각성을 서서히 자각하면서 대부업자들이 많은 돈을 잃을 것이며 주택저당증권을 구입한 투자자들도 예외는 아니라는 사실이 분명해졌다. 그러나 우리는 왜 주택소유자들이 아니라 대부업자와 투자자들 때문에 눈물을 흘려야 하는 것인가? 어차피 최종적으로 계산해보면 주택거품의 붕괴는 필경 약 8조 달러의 부를 휩쓸어 없앨 것이다. 이 가운데 약 7조 달러가 주택소유자들의 손실이고 약 1조 달러만이 투자자들의 손실이 될 터인데 말이다. 왜 이 1조 달러에 집착해야 한다는 말인가?

그 답은 바로 이것이 그림자 금융시스템의 붕괴를 촉발했기 때문이다.

비은행 금융의 위기

지금까지 보았듯이 2007년 전반기에 금융 분야에서 다소 심각한 동요가 일었지만 8월 초까지만 해도 주택시장 침체 및 서브프라임 대출과 관련한 문제들은 억제되었다는 것이 공식적인 관점이었으며, 주식시장의 강세 또한 시장들이 이러한 입장에 동의하고 있음을 시사했다. 그러나 곧이어 완전히 지옥 같은 상황이 뒤따랐다. 무슨 일이 벌어졌던 것일까?

제8장에서 나는 뉴욕 연방준비은행의 티머시 가이트너가 그림자 금융시스템의 부상에 동반한 리스크들에 관해 연설한 내용을 인용했다. "단기부채로 자금을 조달하는 이러한 자산들은 장기적 리스크가 높고 상대적으로 비유동적입니다. 따라서 유사 금융 체계의 기관들 대다수가 고전적인 유형의 인출쇄도에 취약해져 있지요. 하지만 이들은 은행 체계가 이 같은 리스크를 줄이는데 사용하는 예금보험 등의 보호장치조차 갖추지 못했습니다." 2008년 6월의 같은 연설에서 그는 (중앙은행 총재치고는 놀랍도록 생생한 언어로) 실제로 인출쇄도가 일어난 과정을 설명했다. 이것은 서브프라임 관련 손실에서 시작돼 그림자 금융시스템에 대한 신뢰를 깎아내렸고, 디레버리지(deleverage, 채권자의 대부금 회수)의 악순환으로 이어졌다고 말이다.

> "이러한 금융장치들, 그러니까 보수적으로 운용되는 여러 머니펀드들에 투자한 투자자들이 해당 시장에서 실제로 자금을 인출하거나 인출하겠다는 위협을 가하자 해당 체계는 자산청산 강요라는 자기강화적 사이

클에 취약해질 수밖에 없었습니다. 나아가 다양한 자산군 전반에 걸쳐 변동성이 커지고 가격이 하락했지요. 그 반작용으로 신용거래 보증금이 증가하거나 일부 고객들이 자산을 한꺼번에 회수하는 사태가 벌어졌고, 이는 다시 디레버리지를 강제하는 상황으로 이어졌습니다. 또한 자산이 어려운 상황의 시장에 매각되면서 완충자본(capital cushion)도 줄어들었습니다. 이러한 역학을 더욱 강화한 것은 체계 전반에 퍼져있던 질 낮은 자산들, 특히 모기지 관련 자산들이었습니다. 이런 점을 감안하면 상대적으로 작은 액수의 고 리스크 자산이 어떻게 해서 훨씬 광범위한 자산을 좀먹고, 시장 투자자와 참가자들의 신뢰를 무너뜨릴 수 있었는지 이해할 수 있습니다."

가이트너는 자산가치의 하락이 어떻게 대차대조표 상에 손상을 가하고, 나아가 일종의 자기강화 과정으로서 자산 매각을 강요했는지 설명하고 있다. 이것은 1997년과 1998년 아시아에서 자기입증적 금융위기를 만든 디레버리지의 논리와 기본적으로 동일하다.(앞서 제4장에서 자세히 설명했다) 레버리지 비율이 높은 플레이어들이 손실을 입으면 그들은 더 많은 손실을 야기하는 행동을 취할 수밖에 없고, 이러한 상황은 반복된다는 논리 말이다. 이번에는 인도네시아나 아르헨티나에서처럼 국내 통화 가치의 폭락을 통해서가 아니라 리스크 높은 금융 자산의 가치가 붕괴하면서 손실이 일어났지만, 본질적으로는 똑같은 이야기다.

이러한 자기강화 과정은 실제로 엄청난 액수의 뱅크런이라는 결과로 이어졌다. 이로 인해 1930년대 초에 전통적 은행 체계가 그랬듯이 그림자 금융 체계가 무력화된 것이다. 사실상 일종의 은행 역할을 하며

3,300억 달러 가치의 대부를 제공하던 경매방식채권은 사라졌다. 또 하나의 사실상 은행 부문으로 1조 2,000억 달러의 대부를 제공하던 자산유동화기업어음은 이제 겨우 7,000억 달러 규모로 축소됐다. 다른 그림자 금융 장치들의 상황도 크게 다르지 않다.

금융시장에선 터무니없는 일들이 벌어지기 시작했다. 미국재무부증권(단기채권)의 이자율이 0퍼센트 가까이 떨어진 것인데, 투자자들이 안전한 투자처로 피신을 시작했기 때문이다. 한 논평자의 표현을 빌리면 "투자자들이 사려는 것은 오직 미국 국채와 생수뿐"이었다. (미국 국채가 지구상의 어떤 것보다도 안전한 이유는 미국이 지구상에서 가장 책임감 있는 나라이기 때문이 아니라 미국 정부가 붕괴하면 세상도 거의 붕괴할 것이기 때문이다. 생수가 필요한 것도 같은 이유에서다.) 간혹 미국재무부증권의 이자율은 마이너스로 내려가기도 하는데, 사람들이 금융 거래 담보물로 오직 이것만을 요구하는데 반해, 공급이 제한적인 탓에 치열한 경쟁이 벌어지기 때문이다.

일부 차용자들은 다시 전통적인 은행에서 대출을 모색함으로써 그림자 금융시스템의 붕괴에 따른 여파를 상쇄할 수 있었다. 그러나 이번 위기와 관련해 기대를 거스르는 듯 보인 한 가지 측면이 바로 은행대출의 확장이었다. 이것이 일부 관찰자들을 헷갈리게 만들었다. 대체 어디서 신용경색이 일어나고 있단 말인가? 그러나 전통적 은행의 대출 증가만으로는 그림자 금융시스템의 붕괴로 인한 여파를 상쇄하기에 역부족이었다.

소비자신용은 결코 영향을 받지 않을 것 같았지만 2008년 10월에 이르자 신용카드도 도마 위에 올랐다는 증거가 점점 늘어나기 시작했다.

신용 한도액이 낮아지고 카드 발급 거절 건수도 늘었다. 미국 소비자들의 지불 능력이 전반적 감퇴 현상을 보였다.

경제 전반에 걸쳐 많은 기업과 개인들이 신용 접근성을 잃어갔으며, 일부는 연준의 이자율 하락 노력에도 불구하고 기존보다 높은 이자율을 지불하고 있었다. 이로 인해 미국의 통화정책에도 일본식의 함정(덫)이 나타나기 시작했다.

연준, 견인력을 잃다

이번 금융위기가 닥쳤을 때 앨런 그린스펀은 이미 연방준비제도이사회 의장 자리를 사퇴한 상태였다. 벤 버냉키가 그를 대신해 뒤처리의 임무를 떠안았다. (버냉키는 연준에 오기 전에 프린스턴대학교 경제학과 학과장이었다. 내가 MIT에서 프린스턴으로 옮겼을 때 나를 채용한 사람이다.)

이 위기 동안 연준을 책임질 한 명을 선택해야 했다면 당신 역시 버냉키를 택했을 것이다. 그는 대공황을 연구한 학자다. 투자제한에서 신용 가용성 및 대차대조표 문제가 행하는 역할에 초점을 맞춰 은행위기가 어떻게 대공황을 심화시켰는지 연구함으로써 화폐금융론(monetary economics)에 주요한 이론적 공헌을 한 사람이다. (걱정스럽게 위기를 논하는 일련의 경제학자들에게 버냉키와 그의 공동연구자인 거틀러Mark Gertler의 이름을 대면 모두들 고개를 끄덕일 것이다.) 그는 1990년대 일본의 문제들에 대해서도 광범위한 연구를 수행했다. 우리가 처한 이 혼란에 대해 버냉키만큼 충분한 이론적 준비를 갖춘 사람은 없었다.

그러나 위기가 전개되면서 버냉키가 이끄는 연준은 금융 시장에 대해서든 경제 전반에 대해서든 모종의 견인력을 발휘하는 데 큰 어려움을 겪고 있다.

연준의 주요 임무 두 가지는 △이자율 관리와 △은행에 필요한 현금을 제공하는 것이다. 이자율은 은행들로부터 국채를 매입해 준비금을 늘리거나, 반대로 국채를 은행에 매도함으로써 준비금을 줄이는 방식으로 관리한다. 현금제공은 현금이 필요한 은행에 직접 돈을 빌려주는 방식을 취한다. 위기가 시작된 이후로 연준은 이러한 수단들을 적극적으로 활용해왔다. 연준은 위기 직전에 5.25퍼센트였던 연방기금금리(은행간 자금거래에 적용되는 단기금리로서 통화정책의 표준적 수단)를 2008년 말경 1퍼센트로 인하했다. 직접대출의 척도인 '기탁 기관의 연방준비은행 차입 총액'은 위기 이전의 거의 제로(0) 수준에서 4,000억 달러 이상으로 늘어났다.

평소 같으면 이러한 조치들이 대출을 훨씬 용이하게 만드는 결과로 이어졌을 것이다. 연방기금금리 하락은 보통 경제 전반에 걸친 이자율 인하로 전환된다. 일반 은행 이율과 기업 대출 금리, 모기지 금리 등이 모두 내려간다는 얘기다. 한편 역사적으로 볼 때, 설령 금융시스템에 유동성이 감소해도 연방준비은행이 각 은행에 대출을 제공하기만 하면 이것은 충분히 완화될 수 있었다. 그러나 이번 금융위기는 평소와 같은 상황도 아니요, 전례들이 들어맞지도 않았다.

연준의 견인력 부족은 비교적 리스크가 큰 차용자들의 상황에서 가장 명백하게 드러난다. 대표적인 예로, 현재 서브프라임 대출이 중단되면서 잠재적 주택구매자들 중 하나의 계층이 통째로 시장에서 내몰린 상태다. 최고 수준의 신용등급을 갖지 못한 기업들은 연준의 기준금리가 4퍼센트 이상 떨어졌음에도 불구하고 단기 대출에 대해 위기 이전보다 더 많은 이자를 지불하고 있다. Baa등급 회사채에 대한 금리는 위기 이전의 약 6.5퍼센트에서 9퍼센트 이상으로 올랐다.(2008년 말 기준) 지출 및 투자 결정에 중요한 역할을 하는 이들 이자율은 연준의 이자율 인하 시도에도 불구하고 꾸준히 인상되거나 최소한 그대로 유지되었다.

프라임 모기지 차용자들도 타격을 입었다. 30년짜리 모기지의 이율은 여전히 2007년 여름 수준에 머물러 있다. 금융위기 때문에 민간 대부업체 상당수가 시장에서 밀려나 사실상 정부의 후원을 받는 회사인 패니매와 프레디맥만 남았기 때문이다. 패니매와 프레디맥 역시 이번 위기로 인해 큰 곤경에 처했다. 민간 대부업체들만큼은 아니지만 어느 정도는 부실 대출을 해줬으며 자본 기반도 매우 얇기 때문이다. 2008년 9월, 연방정부는 패니매와 프레디맥의 경영권을 인수하기로 결정했다. 그렇다면 이들의 부채 부담이 줄어들고 모기지 이자율도 내려가야 하는 게 아닌가? 그러나 부시 행정부는 미국 정부가 패니매와 프레디맥의 부채를 전부 떠안지는 않겠다고 분명히 못 박았다. 따라서 이들은 사실상의 국유화 이후에도 여전히 자금 조달에 어려움을 겪고 있다.

연방준비은행이 은행들에게 제공한 그 모든 대부는 어떻게 되었을까? 필경 도움은 되었겠지만 예상만큼 큰 도움이 되지는 못했다. 위기의 중심에 있는 것은 전통적 은행들이 아니지 않은가? 예를 들어, 만약 경매방식채권이 전통적인 은행시스템의 일부였다면 해당 채권의 발행자들은 민간 투자자들의 경매 참여율이 저조한 경우에 연준으로부터 돈을 빌릴 수 있었을 것이고, 그러면 경매가 실패로 이어지는 일도 없었을 것이며, 해당 부문이 붕괴되지도 않았을 것이다. 그러나 이들은 전통적인 은행이 아니었기 때문에 경매는 실패했으며, 해당 부문도 붕괴되고 말았다. 연준이 시티은행이나 뱅크오브아메리카(BOA)에 아무리 대부를 많이 제공했어도 이러한 과정을 막을 수는 없었다.

실제로 이후 연준은 스스로 일본식의 유동성 함정을 파고 있음을 깨달았다. 이것은 전통적 통화정책이 실물경제에 대한 모든 영향력을 상실한 상황을 의미한다. 물론 연방기금금리가 0퍼센트로 떨어지지는 않았다. 그러나 연방기금금리를 1퍼센트 더 내린다고 해서 엄청난 영향력이 창출될 거라는 기대는 무리였다.

그렇다면 연준은 이밖에 어떤 조치를 취할 수 있었을까? 2004년 버냉키는 한 학술발표문을 통해 "만약 누군가 기꺼이 중앙은행의 대차대조표 구성을 변경한다면 통화정책이 유동성 함정에서도 효과를 발휘할 수 있을 것"이라고 주장했다. 연준이 단지 전통적 은행들만을 상대로 국채를 거래하거나 대부를 해주는 대신, 투자은행이나 머니마켓펀드(MMF)와 같은 다른 플레이어들, 심지어 비금융 기업들에게도 대부를 해줄 수 있다는 얘기였다. 2008년 연준은 바로 이것을 하기 위해 알파벳 약자를 사용하는 여러 가지 이름의 특별 대출 프로그램들, 즉 TSLF(Term Securities Lending Facility, 기간부국채임대대출), PDCF(Primary Dealer Credit Facility, 프라이머리딜러대출) 등을 도입했다. 2008년 10월, 연준은 기업어음도 매입하기 시작하겠다고 발표했다. 사실상 민간 금융시스템이 하지 않을 법한, 혹은 할 수 없는 대부를 제공하겠다고 밝힌 것이다.

이러한 계획들이 결국 결실을 맺을 가능성은 여전히 남아 있다. 하지만 현재까지 그 영향력은 실망스럽다는 말을 하지 않을 수 없다. 이유가 무엇일까? 문제는 대체와 규모의 측면에 있다고 나는 주장한다. 은행의 준비금 액수를 늘리는 조치를 취할 때 연준은 다른 기관들이 결코 할 수 없는 일을 수행하는 것이다. 유통 현금으로 쓰이거나 은행이 지급 준비금으로 보유할 수 있는 본원통화(monetary base)를 창출하는 것은 오직 연준만이 할 수 있는 일이기 때문이다. 게다가 연준의 조치는 관련 자산군의 규모에 비해서 지나치게 크게 나오는 경향이 있다. 연준이 2008년 11월 25일 발표한 주택 및 소비자대출 지원 액수가 '고작' 8,000억 달러였기에 하는 말이다. 반면, 만약 연준이 신용시장을 더 광범위하게 지원한다면 이는 곧 민간 대부업자들의 영역과 겹치게 되는데, 그러면 연준이 해당 시스템에 쏟아 붓는 대출 지원금의 일부가 민간의 인출로 상쇄될 수도 있다는 의미다. 이는 또한 연준이 자신보다 몸집이 훨씬 큰 '야수', 그러니까 무려 50조 달러 규모에 달하는 신용시장을 움직이려고 애쓰는 셈이 된다.

하나 더 지적하자면, 버냉키가 이끄는 연준은 거듭 뒷북을 친다는 문제까지 겪고 있다. 금융위기가 연준의 매우 똑똑한 인물들까지 포함해서 거의 아무도 예측하지 못한 새로운 차원들을 계속 발전시켜 보여주고 있기 때문이다. 그중 하나인 위기의 국제적 차원을 살펴보자.

모든 통화위기의 어머니

1997~98년 금융위기를 겪은 각국 정부들은 위기의 반복을 예방하기 위해 노력했다. 해외자금 철수에 취약해지지 않기 위해 해외 차입을 피

했으며, 비상시에 대비해 막대한 액수의 달러와 유로도 비축했다. 그리고 신흥시장들, 즉 브라질과 러시아, 인도, 중국, 이밖에 1997년 위기의 희생양이 된 나라들을 포함하여 규모가 더 작은 일단의 경제국들은 이제 미국에서 '분리'되어 미국이 혼란에 빠져도 성장을 계속할 수 있다는 것이 일반적인 통념이었다. 2008년 3월 「이코노미스트」는 다음과 같은 기사로 독자들을 안심시켰다. "분리는 근거 없는 이야기가 아니다. 사실 이것이 세계 경제를 구할 것이다."

안타깝지만 그럴 가능성은 희박해 보인다. 모건스탠리의 수석 통화 전략가 스티븐 젠Stephen Jen은 반대의 의견을 타진한다. 그는 신흥시장들의 '경착륙'(hard landing, 경기가 급랭하면서 주가가 폭락하고 실업자가 급증하는 현상–옮긴이)이 글로벌 위기의 두 번째 진앙(첫 번째 진앙은 미국 금융시장)이 될 거라고 말한다.

대체 무슨 일이 벌어진 걸까? 그림자 금융시스템이 지난 15년 간에 걸쳐 (주로 아시아 위기 이후에) 성장한 것에 더해 금융시스템의 성격에 또 다른 변화가 일어났다. 바로 '금융세계화'의 부상인데, 각국 투자자들이 다른 나라에 대량으로 투자하게 된 현상을 일컫는다. 1996년 아시아 위기 직전에 미국은 GDP의 52퍼센트에 달하는 해외 자산과 GDP의 57퍼센트에 육박하는 해외 부채를 갖고 있었다. 2007년경 이 수치는 각각 128퍼센트와 145퍼센트로 상승했다. 이로서 미국은 한결 더 완연한 순채무국이 됐는데, 순채무율보다 더 인상적인 것은 크게 늘어난 채무 규모였다.

지난 10~20년 간 금융시스템에서 일어난 변화의 대부분이 그러했듯이 이러한 변화도 리스크를 줄여줄 것으로 기대되었다. 미국 투자자들은 부의 상당 부분을 해외에 보유하고 있다는 점에서 미국의 불황에 비교적 덜 노출되어 있었고, 외국 투자자들은 부의 상당 부분을 미국에 보유하고 있다는 점에서 외국의 불황에 덜 노출되어 있었기 때문이다. 그러나 금융세계화의 일등공신은 사실상 레버리지 비율이 무척 높은 투자기관들이었다. 그들이 국경을 넘나들며 갖가지 고 리스크 베팅을 한 탓에 금융세계화가 빨라졌다는 얘기다. 그리고 미국 주택 시장에서 상황이 잘못되자 이러한 해외투자는 (경제학 용어로) '전달 메커니즘'의 역할을 잘 수행해 해외에서 일련의 새로운 위기들이 생겨나도록 만들었다. 일반적으로 이번 위기의 방아쇠 사건을 프랑스의 한 은행과 연계된 헤지펀드의 실패로 본다. 그리고 2008년 가을에는 플로리다 등의 주택대출 문제가 아이슬란드의 은행 시스템을 무너뜨리기도 했다.

신흥시장들은 '캐리 트레이드'라는 특별한 취약점이 존재했다. 캐리 트레이드는 일본 같이 이자율이 낮은 나라에서 돈을 빌려 브라질이나 러시아 등 이율이 높은 나라에서 대출을 하는 거래다. 만약 상황이 잘못되지만 않았더라면 무척 수지맞는 장사였을 것이다. 그러나 결국 상황은 잘못되고 말았다.

애초에 계기가 된 사건은 2008년 9월 15일에 일어난 투자은행 리먼브라더스의 붕괴라고 할 수 있다. 이에 앞서 2008년 3월, 역시 5대 투자은행 중 하나였던 베어스턴스Bear Stearns가 곤란에 빠졌고, 이에 연준과 미국 재무부가 개입했다. 그러나 지금은 사라진 베어스턴스를 구하기 위해서가 아니라 베어스턴스의 계약 당사자들, 즉 베어스턴스가 채무를 졌거나 이 투자은행과 금융거래를 한 대상을 보호하기 위해서였다. 많은 사람들은 리먼브라더스도 똑같은 대우를 받을 거라고 기대했다.

그러나 재무부는 리먼의 후폭풍이 그렇게 심하지는 않을 거라 판단하고 계약 당사자들에 대한 보호를 전혀 제공하지 않은 채 리먼의 파산을 방치했다.

며칠 만에 이것은 재앙과도 같은 조치였음이 명백해졌다. 신뢰는 더 떨어지고, 자산 가격은 다시 급락했으며, 그나마 제대로 작동하던 극소수의 신용 채널들도 모두 말라버렸다. 며칠 후 거대 보험사 AIG가 사실상 국유화되었지만 이것도 패닉을 막지는 못했다.

패닉으로 인해 가장 최근에 피해를 입은 하나가 바로 캐리 트레이드였다. 일본 및 기타 저금리 국가들로부터의 자금줄이 끊기면서 (1997년 위기로 이제는 너무나 익숙해진) 자기강화효과가 유발된 것이다. 일본에서 더 이상 자본이 빠져나가지 않자 엔화의 가치는 폭등했고, 신흥시장으로 자본이 더 이상 흘러들지 않자 신흥시장의 통화는 폭락했다. 한 통화로 돈을 꾸어 다른 통화로 빌려준 이들은 커다란 자본 손실을 보았다. 이것은 리먼브라더스가 붕괴하기 전까지 예상보다 잘 버티고 있던 헤지펀드들이(그리고 헤지펀드 산업이) 급격히 축소되기 시작했다는 의미이기도 했고, 한편으로는 해외에서 싸게 차입금을 들여오던 신흥시장 기업들이 갑자기 커다란 손실에 직면했다는 뜻이기도 했다.

신흥시장 정부들은 또다시 위기를 겪지 않으려고 애썼지만 민간 부문이 리스크를 신경 쓰지 않는 바람에 이러한 노력은 결국 수포로 돌아갔다. 예를 들어 러시아의 경우, 루블화 이율보다 외국 통화의 이자율이 낮았기 때문에 은행과 기업들은 해외 차입에 열중했다. 러시아 정부가 무려 5,600억 달러의 외환을 축적하는 동안 이 나라의 기업과 은행들은 4,600억 달러의 외채를 쌓고 있었다. 그리고 갑자기 이들 기업과 은행의 신용한도가 깎이고 루블화로 환산한 채무의 액수가 폭등하는 상황이 전개됐다. 누구도 안전하지 않았다. 예를 들어, 브라질의 주요 은행들은 대규모 해외노출을 피했지만 국내 고객들의 부주의 때문에 곤란을 겪었다.

이 모든 것이 이전의 통화위기들, 일테면 1997년 인도네시아나 2002년 아르헨티나의 위기와 매우 흡사하다. 그러나 이번 위기는 규모 면에서 훨씬 더 컸다. 실제로 이번 위기는 모든 통화위기의 어머니이며 세계 금융시스템의 새로운 재난을 상징한다.

세계적인 불황

지금까지 이 장에서 우리는 주로 위기의 금융적 측면들을 논의했다. 그렇다면 실물경제는 어떨까? 일자리와 임금, 생산에는 어떤 영향을 끼칠까? 물론 좋은 얘기는 없을 것이다.

미국과 영국, 스페인 그리고 여타 몇몇 국가들은 설사 금융체계가 무너지지 않았다고 해도 주택거품 붕괴로 인해 필경 경기후퇴를 맞았을 것이다. 집값이 떨어지면 건축이 줄면서 고용에도 직접 부정적 영향을 미치며, 소비자들의 체감 소득이 줄어들고 후담보 대출의 기회도 없어지기 때문에 소비자 지출이 감소하는 경향이 있다. 취업난으로 인해 지출이 더욱 줄어들면 이러한 부정적 요소들은 상승효과를 낸다. 그러니까 사실 미국 경제는 주택거품이 꺼지고 나서도 처음에는 다소 잘 버텨냈던 셈인데, 달러 약세가 수출 증대로 이어지면서 건설 수익의 감소를 상쇄하도록 도왔기 때문이다.

그러나 금융 붕괴는 그저 일반적인 경기후퇴에서 끝날 수도 있었던 상황(미국의 취업률은 2007년 말부터 떨어지기 시작했지만 2008년 9월 전까지는 하락폭이 크지 않았다)을 훨씬 심각한 문제로 만들 것이 분명해 보인다. 리먼브라더스 파산 이후 더욱 심각해진 신용 위기와 신흥시장에 갑작스레 찾아온 위기, 대규모 금융 혼란이 신문의 헤드라인을 장식하면서 일어난 소비심리의 붕괴 등 이 모든 것이 미국과 전 세계가 1980년대 초반 이후 최악의 경기후퇴에 들어갔음을 암시한다. 많은 경제학자들은 이 정도에서만 끝나도 다행이라고 생각할 것이다.

정말 우려되는 것은 정책의 견인력 상실이다. 실업률을 10퍼센트 이상까지 끌고 갔던 1981~82년의 경기후퇴가 끔찍하긴 했지만, 한편으로 이것은 어느 정도 의도적인 선택이기도 했다. 연준은 긴축통화정책을 통해 인플레이션을 이겨냈고, 연준 의장이었던 폴 볼커가 (경제가 충분히 고통받았다는 판단 하에) 긴축을 풀자 경제는 힘차게 되살아났다. 황폐했던 경제는 빠른 속도로 '미국의 밝은 아침'(morning in America, 레이건 대통령이 1984년 대선에서 사용한 선거 모토-옮긴이)을 되찾았다.

반면, 이번 위기에서 경제는 정책입안자들이 거듭 회생의 노력을 기울였음에도 불구하고 꼼짝도 하지 않는다. 이러한 무력함은 1990년대 일본의 경우를 상기시킨다. 또한 1930년대를 떠올리게도 한다. 우리는 아직 공황에 들어와 있지 않으며, 이 모든 것에도 불구하고 나는 우리가 공황을 향해 나아가고 있다고도 생각하지 않는다.(좀 더 확신을 갖고 말할 수 있다면 좋겠지만 말이다) 그러나 우리는 불황경제학의 범위에는 충분히 들어와 있다.

Chapter 10

돌아온 불황 경제학

세계 경제는 공황에 빠지지 않았다. 현재의 위기 규모가 크긴 하지만 세계 경제는 십중팔구(100퍼센트 확신할 수 있다면 좋겠지만) 공황에 이르지 않을 것이다. 공황 자체는 재현되지 않겠지만 (1930년대 이후로 잊고 있던) 불황경제학이 놀라운 컴백을 했다. 약 15년 전만 해도 환투기꾼들의 장난이 한 국가를 고통스러운 경기후퇴로 밀어 넣는다거나, 주요 선진국들의 소비가 미진해 공장이 멈추는 일은 없을 거라고들 생각했다. 현대 국가에서 이런 일은 있을 수 없다고 말이다. 그러나 세계 경제의 취약성은 우리가 상상했던 것보다 훨씬 컸음이 드러났다.

세계가 어쩌다 이렇게 됐을까? 더 중요한 점은, 현재의 위기를 어떻게 극복할 것인가, 또 이러한 위기가 애당초 일어나지 않도록 예방하기 위해 무엇을 할 수 있는가이다. 이 책에서 나는 많은 이야기를 했다. 이제는 몇 가지 교훈을 도출할 차례다.

불황경제학이란 무엇인가?

불황경제학이 돌아왔다는 것은 무엇을 의미하는가? 본질적으로 이것은 두 세대 만에 처음으로 경제에서 수요 측면의 실패(가용 생산력을 사용할 수 있을 만큼 민간 소비가 충분하지 못한 상태)가 세계 번영에 뚜렷한 당면 제약이 되었다는 의미다.

우리, 다시 말해 경제학자들뿐만 아니라 정책입안자들과 교육받은 일반 대중 모두는 이러한 상황에 대한 준비를 갖추지 못했다. 이른바 '공급중시 경제학'은 일련의 어리석은 아이디어들을 조합해놓은 것일 뿐, 확고하거나 온전한 학설이라고 할 수 없다. 일부 언론·출판 편집자들과 부유층의 편견에 호소하지 않았다면 거의 영향력을 발휘하지 못했을 것이다. 그럼에도 지난 몇 십 년에 걸쳐 경제적 사고의 중심은 수요 측면에서 공급 측면으로 꾸준히 이동해왔다.

이러한 이동은 부분적으로 경제학 내에서 일어난 이론적 논쟁의 결과였다. 이론적 논쟁이 (종종 그러하듯) 다소 왜곡된 형태로 걸러져 나와 광범위하게 퍼진 결과라는 얘기다. 간략하게 말해, 이 이론적 논쟁의 근거는 다음과 같았다. 원칙적으로 총수요의 부족은 실업이 발생해도 임금과 물가가 급락하면 저절로 치유된다. 베이비시팅 조합의 불황 이야기에서도 한 시간짜리 쿠폰 가격의 하락은 상황을 저절로 치유하는 한 가지 방법이 됐다. 이렇게 해서 기존에 공급된 쿠폰에 대한 구매력이 상승하면 조합은 관리위원회가 어떠한 조치를 취하지 않아도 완전고용 상태를 회복한다. 현실에서는 경기후퇴가 일어나도 물가가 급락하지 않는다. 하지만 경제학자들은 그 정확한 이유에 대해 의견일치를 보지 못하고 있다. 그 결과, 일련의 신랄한 학문적 투쟁이 벌어지면서 경기후퇴와 그 발생 과정에 대한 주제 자체가 일종의 학문적 지뢰밭이 되었고, 감히 발을 들여놓으려는 경제학자들의 숫자도 점점 줄어드는 추세다. 대중들은 경제학계가 경기후퇴를 이해하지 못하고 있거나, 그게 아니라면 수요중시 구제책들이 신뢰를 얻지 못하는 것이라고 결론을 내렸다. 충분히 이해할 수 있는 일이다. 그러나 낡은 수요중시 거시경제학은 현재 우리가 처한 곤경에 대해 많은 이야기를 들려줄 수 있을 것이다. 다만, 옹호자들은 확신이 부족한 반면에 비판자들은 열의로 가득하다는 점이 문제다.

모순처럼 들리겠지만, 우리가 불황형 문제들의 재현에 대비하지 못한 한 가지 이유가 수요중시 경제학의 이론적 취약성 때문이라고 해도, 그 실질적 성공은 별개의 문제다. 경제학자들이 수십 년에 걸쳐 통화정책이 경기후퇴에서 벗어나는 데 실제로 이용될 수 있는가를 놓고 토론을 벌이는 동안, 중앙은행들은 거듭 발 빠르게 나서서 이를 실행에 옮겼다. 사실, 매우 효과적으로 실행에 옮긴 덕에 수요 부족이 장기적 경기후퇴의 원인이라는 견해가 설득력을 잃을 정도였다. 확실히 연준과 다른 나라의 중앙은행들은 언제든 소비를 증가시키기 충분할 정도로 이자율을 낮출 수 있었다. 따라서 단기적 경우를 제외하면 경제적 성과를 제한하는 유일한 제약은 해당 경제의 생산능력 즉 공급 측면뿐이었다.

지금도 많은 경제학자들이 여전히 경기후퇴를 사소한 쟁점으로 생각하며 여기에 대해 연구하는 일을 그다지 자랑스럽게 여기지 않는다. 제1장에서 인용한 연설에서 로버트 루커스는 비즈니스 사이클이 더 이상 중요한 주제가 아니며 경제학자들은 기술 발전과 장기적 성장으로 관심을 돌려야 한다고 노골적으로 주장했다. 물론 이것은 멋지고 중요하며 장기적으로 결정적 역할을 하는 쟁점들이다. 그러나 케인스가 지적했듯이 장기적으로 보면 어차피 우리는 모두 죽기 마련이다.

한편, 단기적으로 보면 세계는 연이은 위기로 휘청거리고 있다. 이러한 위기들의 핵심에는 모두 충분한 수요 창출의 문제가 놓여있다. 일본은 1990년대 초반부터 줄곧, 1995년에는 멕시코가, 1997년에는 멕시코·태국·말레이시아·인도네시아·한국이, 2002년에는 아르헨티나가, 그리고 2008년에는 거의 모든 국가들이 연이어 일시적이나마 수년간의 경제적 발전을 원상복귀 해놓을 정도의 경기후퇴를 경험하며 전통적인 정책 대응들이 어떠한 효과도 발휘하지 못하는 듯한 느낌을 받고 있다. 이로써 다시 한번, 경제의 능력을 이용할 수 있을 만큼 충분한 수요를 창출하는 방법이 매우 중요해졌다. 즉, 불황경제학이 다시 한번 진가를 발휘할 기회가 왔다는 얘기다.

무엇을 해야 하는가: 비상 상황에 대한 대처

지금 당장 세계가 필요로 하는 것은 구조 작전이다. 전 세계의 신용 시스템은 마비 상태이며, 이 글을 쓰는 지금 세계적인 불황은 계속 추진력을 얻고 있다. 이러한 위기를 야기한 경제적 취약점들을 개혁하는 일도 중요하지만 잠시 미뤄두기로 하자. 발등의 불을 끄는 일이 먼저란 얘기다. 이를 위해 전 세계 정책입안자들이 행해야 할 일은 두 가지, 바로 신용경색 완화와 소비 지원이다.

신용경색 완화는 소비 지원보다 더 어려운 과제이지만 반드시, 그리고 조만간에 해야 할 일이다. 하루가 멀다 하고 신용경색이 원인이 된 재난 소식들이 들려오지 않는가? 예를 들어 이 책의 초안을 쓸 무렵, 세계 무역에서 가장 중요한 자금 조달 방법인 신용장의 붕괴 소식이 들려왔다. 갑자기 수입품 구매자들, 특히 개발도상국 구매자들은 거래를 할 수 없게 되었고 선박들은 멈춰 서서 공회전을 하고 있다. 선적 비용 산정에 널리 쓰이는 발틱운임지수(Baltic Dry Index)는 2008년에 89퍼센트나 떨어졌다.

금융 긴축의 이면에는 금융 기관들에 대한 신뢰 감소와 자본 격감이 함께 놓여 있다. 개인들은 물론, 금융기관을 포함한 여러 기관들도 자신의 약속을 뒷받침할 만큼 충분한 자본이 없는 대상과는 거래하고 싶지 않아한다. 그러나 위기로 인해 자본 고갈은 이미 전반적 문제가 된 상태다.

명확한 해결책은 더 많은 자본을 투입하는 것이다. 사실 이것은 금융위기에 대한 표준적 대응책이다. 1933년 루즈벨트 행정부는 부흥금융공사(Reconstruction Finance Corporation, 1932년 설립된 연방정부의 융자기관-옮긴이)를 통해 우선주(이익 분배에 대해 보통주보다 우선권을 갖고 있는 주식)를 사들임으로써 은행들의 자본 구성을 재편했다. 1990년대 초반 스웨덴이 금융위기를 겪을 때 스웨덴 정부는 개입하여 GDP의 4퍼센트(오늘날 미화로 약 6,000억 달러 규모)에 해당하는 추가 자본을 은행에 제공하고 그 대가로 은행의 부분 소유권을 가졌다. 1998년에 일본은 은행들을 구제하기 위해 5,000억 달러 이상의 우선주를 사들였다. 미국으로 치면 약 2조 달러를 투자한 셈이었다.(GDP 대비) 각각의 경우에 이러한 자본 제공은 은행의 대부 능력을 회복시켜 얼어붙은 신용시장이 녹을 수 있도록 도왔다.

다소 늦은 감은 있지만(부분적으로는 부시 행정부의 이데올로기적 성향 때문이다) 이와 비슷한 방식의 금융 구제가 현재 미국 및 여타 선진국들에서 시행되고 있다. 리먼브라더스가 파산한 후 처음에 미 재무부는 은행과 기타 금융 기관들로부터 7,000억 달러어치의 부실자산을 사들이겠다고 제안했다. 그러나 이것이 상황에 어떤 도움이 될 것인지는 결코 분명하지 않았다. (만약 재무부가 시장 가치 그대로 지불한다면 은행의 자산 상태에 거의 도움이 되지 않을 것이고, 시장 가치 이상을 지불한다면 납세자의 돈을 함부로 낭비한다는 비난을 면키 어려울 것이다.) 그러나 걱정할 필요 없다. 미국은 3주 동안 안절부절 못하다가 영국과 유럽 대륙국들의 선례를 따라 이 계획을 자본재구성(recapitalization) 계획으로 바꾸었으니까 말이다.

그러나 적어도 세 가지 이유에서 이러한 조치로 상황이 충분히 바뀔 수 있을지 미심쩍어 보인다. 첫째, 자본재구성에 7,000억 달러가 모두 쓰인다고 해도(지금까지는 이 중 아주 소액만이 사용되었다) GDP 대비 일본의 은행 구제 규모와 비교하면 여전히 작은 액수다.(현재 미국 및 유럽의 금융위기 심각성은 일본의 위기에 필적한다고 할 수 있다) 둘째, 어느 정도의 구제책이 나와야 문제의 핵심인 그림자 금융시스템에까지 도달할 수 있을지가 여전히 미지수다. 셋째, 은행들이 이 자금을 보유하지 않고 기꺼이 대출해줄 것인지의 여부가 분명치 않다.(75년 전 뉴딜 정책이 직면한 문제이기도 했다)

내 생각은 자본재구성이 더 크고 광범위해야 하며, 정부의 입김도 결국 더 세져야 한다는 것이다. 일시적으로는 사실상 금융시스템의 상당

부분이 완전한 국유화에 가까운 상태가 되어야 한다. 그러나 분명히 말해두지만 이것, 즉 국가가 경제의 주도 세력이 되는 것이 장기적 목표가 되어서는 안 된다. 안전해진 순간부터 금융은 다시 민영화되어야 한다. 1990년대 초반에 스웨덴이 대규모 구제책을 펴고 나서 은행을 다시 민간 부문으로 돌려보냈듯이 말이다. 그러나 지금 당장 중요한 것은 신용을 이데올로기라는 매듭으로 묶지 말고 가능한 한 모든 수단을 동원해 풀어내야 한다는 것이다. 금융시스템을 구하기 위해 취하는 행동이 다소 '사회주의적'이라는 우려 때문에 필요한 조치를 취하지 못한다면, 이보다 더 나쁜 일이 어디 있겠는가?

또 하나의 신용위기 해결 방법, 즉 연준으로 하여금 일시적으로 비금융 부문에 직접 대출하게 하는 방법도 마찬가지다. 연준이 기꺼이 기업어음을 사들이는 것도 중요한 조치지만 필경 이보다 더 많은 조치들이 필요할 것이다.

미국은 이 모든 조치들을 다른 선진국들과 함께 협의해 조율해야 한다. 제9장에서 설명한 금융세계화 때문이다. 미국의 금융시스템이 살아나면 유럽의 신용도 회복되며, 유럽이 구제 노력을 기울이면 미국에서도 신용에 대한 접근이 수월해진다. 모두가 어느 정도는 똑같은 일을 해야 한다는 의미다. 세계는 한 배를 탄 셈이다.

한 가지 덧붙일 것이 있다. 금융위기가 신흥시장으로 확산되면서 개발도상국들에 대한 국제적 차원의 구제가 위기 해결의 일부가 되고 있다. 이 글을 쓰는 지금 (자본재구성과 마찬가지로) 이들 국가에 대한 일부 구제책이 이미 시행되고 있다. IMF는 1990년대 아시아 위기 당시보다 긴축정책과 구조조정에 대한 요구 강도를 낮춘 상태에서 우크라이나처럼 경제가 어려운 국가들에게 대부를 제공하고 있다. 한편 연준은 여러 신흥시장 중앙은행들과 통화스와프 협정을 체결하여 그들이 필요한 만큼 달러를 빌릴 수 있도록 했다. 자본재구성과 마찬가지로 지금까지 기울인 노력들은 방향은 적절하지만 그 규모가 너무 작다. 따라서 더 많은 조치들이 필요할 것이다.

금융시스템 구제로 신용시장이 살아난다고 해도 세계적인 불황은 여전히 그 여세를 몰아갈 것이다. 여기에 대해서는 어떤 조치를 취해야 하는가? 케인스식의 오래된 경기부양 재정정책이 해답이 될 것이 거의 확실하다.

미국은 2008년 초반에 경기부양 재정정책을 시도했다. 부시 행정부와 민주당 의원들 모두 이 계획이 경제를 '재점화'했다고 칭찬했지만, 실제 결과는 두 가지 이유에서 실망스러웠다. 첫째, 경기부양책은 GDP의 약 1퍼센트에 불과할 정도로 규모가 너무 작았다. 다음번 경기부양책은 이보다 더 큰 규모로, 일테면 GDP의 약 4퍼센트 정도로 이뤄져야 한다. 둘째, 첫 번째 부양 자금 대부분은 세금 환급의 형태를 취했고, 따라서 상당 부분이 지출이 아닌 저축으로 흘러들어갔다. 다음번 계획은 정부 지출을 유지하고, 더 나아가 확장하는 데 초점을 맞춰야 한다. 각급 지방 정부들에 원조를 제공함으로써 지출을 유지하고 도로와 다리 건설 등의 인프라 구축 사업을 통해 지출을 확대해야 한다는 얘기다.

경기부양책 형태의 공공지출에 반대하는 사람들의 대표적 주장은 이것이 효력을 발휘하기까지 너무 오랜 시간이 걸린다는 것이다. 실제로 수요가 증대될 무렵이 되면 경기후퇴는 이미 끝난 상태라는 논리다. 하지만 지금은 이런 걱정을 할 때가 아니다. 예상치 못한 새로운 거품이 일어나 주택거품을 대체하지 않는 한 신속한 경제 회복을 기대하기란 매우 어렵다. (풍자적인 신문 「어니언」The Onion은 다음과 같은 헤드라인으로 이 문제를 잘 꼬집었다. "경기후퇴로 고통 받는 나라들, 새로이 투자할 거품이 필요하다!") 공공지출은 적절한 속도로 추진되기만 한다면 충분히 빠른 시간 내에 긍정적인 효과를 발휘할 것이다. 그리고 이것은 세금우대를 넘어서는 두 가지 큰 장점을 갖고 있다. 하나는 실제로 돈이 지출된다는 점이고, 다른 하나는 가치 있는 무언가(예컨대 튼튼한 교량)가 만들어진다는 점이다.

일부 독자들은 공공사업 지출을 통해 경기부양 재정정책을 제공하는 것이 1990년대에 일본이 했던 일이라며 반대할 것이다. 일본이 이러한 조치를 취한 것은 사실이다. 그러나 일본에서도 공공지출은 필경 불안정한 경제가 불황으로 빠지지 않도록 예방했을 것이다. 게다가 공공지출을 통한 경기부양책이 (만약 즉각적으로 이뤄진다면) 일본보다 미국에서 더 나은 성과를 거둘 거라고 믿을 만한 합당한 근거들도 존재한다. 우선, 일본은 수년 간 불충분한 강제 정책들을 시행한 후에 디플레이션을 예상하는 함정에 빠졌지만 미국은 아직 이러한 함정에 빠지지 않았다. 그리고 일본은 은행 체계의 자본재구성을 행하기까지 너무 오랜 시간을 기다렸다. 우리는 이러한 실수를 되풀이하지 않으리라고 생각한다.

이 모든 것의 핵심은 상황을 호전시키기 위해 우리는 무엇이든 다 할 것이며, 만약 지금까지 해온 것으로 충분하지 않다면 신용이 흐르기 시작하고 실물경제가 회복을 보일 때까지 더 많은 것을, 다른 무언가를 시도하겠다는 정신으로 현재의 위기에 접근해야 한다는 것이다.

그리고 일단 회복 노력을 적절하게 진행한 다음에는 예방 조치로 관심을 돌려야 한다. 위기가 다시 일어나지 않도록 시스템을 개선해야 한다는 얘기다.

금융 개혁

대공황이 시작될 무렵에 케인스는 "마그네토가 고장 난 셈"이라고 말했다. 경제 엔진의 대부분은 멀쩡하지만 주요 부품인 금융시스템이 고장 났다는 의미다. 그는 또 이렇게 말했다. "우리는 엄청난 혼란에 빠졌다. 다루기 어려운 기계의 작동 원리를 이해하는 데 실패해 적절히 조종하지 못했기 때문이다." 두 진술 모두 그때나 지금이나 엄연한 진실이다.

이번의 두 번째 거대한 혼란은 어떻게 일어났는가? 대공황 이후에 우리는 해당 기계를 이해할 수 있도록, 즉 대재앙을 피할 수 있을 만큼 충분히 이해할 수 있도록 다시 설계했다. 1930년대에 치명적인 오작동을 일으킨 부품(은행)을 엄중한 규제 밑에 놓고 강력한 안전망으로 이를 지지하는 한편, 당시에 파괴적 역할을 했던 자본의 국제적 이동도 제한했다. 금융시스템은 다소 따분해졌지만 훨씬 더 안전해졌다.

그러다가 다시 흥미롭고도 위험천만한 상황이 전개되기 시작했다. 자본의 국제적 흐름이 증가하면서 1990년대의 파괴적 통화위기와 2008년 세계적 금융위기의 무대가 마련된 것이다. 그림자 금융시스템은 크게 성장한데 반해 규제가 이에 걸맞게 확대되지 않자 대규모 현대판 뱅크런의 무대가 마련되었다. 이번 뱅크런에서 군중들은 굳게 잠긴 은행 문 앞에 몰려들어 미쳐 날뛰는 대신에 미친 듯이 마우스를 클릭해

됐지만 결코 그 정도가 덜하지는 않았다.

우리가 해야 할 일은 대공황이 우리 할아버지들에게 분명히 가르쳐준 교훈들을 다시 배우는 것이다. 여기서 새로운 규제 체제를 상세히 펼쳐보이지는 않겠다. 그러나 기본적 원칙은 분명하다. 금융 메커니즘에서 핵심적 역할을 수행하기 때문에 금융위기가 일어났을 때 구제의 대상이 되는 무언가는 위기가 없을 때엔 반드시 규제의 대상이 되어야 한다. 그래야 과도한 리스크를 껴안고 도박을 하지 않을 테니까 말이다. 1930년대 이후로 시중은행들은 상황이 안 좋을 때 연방정부의 보증을 받는 대가로 △충분한 자본을 보유하고 △신속하게 현금으로 바꿀 수 있는 유동자산을 준비하며 △투자 대상에 제한을 둘 것을 요구받았다. 이제 다양한 비은행 기관들이 결국 은행위기와 똑같은 상황을 일으켰음을 알게 된 이상, 비슷한 수준의 규제를 그림자 금융시스템의 훨씬 더 큰 부분까지 아우르도록 확장해야 할 것이다.

우리는 또한 금융세계화를 다루는 방법에 대해서도 심각하게 생각해봐야 한다. 금융위기 때에만 일시적 통제를 가할 것이 아니라 장기적으로 국제적 자본 흐름을 규제해야 한다는 요구가 1990년대 아시아 위기 이후 여러 차례 있었다. 대개의 경우에 이러한 요구는 거절당했다. 대신, 외환보유고 증액과 같은 전략이 채택되었다. 이제 이러한 전략은 효과를 발휘하지 않는 듯 보인다. 브라질과 한국 같은 나라들에게는 분명 악몽처럼 느껴질 것이다. 그들은 지금까지의 모든 노력에도 불구하고 1990년대와 같은 위기를 처음부터 다시 겪고 있지 않은가. 다음번 대응이 정확히 어떤 형태가 되어야 할지는 분명하지 않지만 금융세계화는 분명히 우리가 생각한 것보다 훨씬 더 위험한 것임이 드러났다.

아이디어의 힘

독자들도 추측했겠지만 나는 우리가 불황경제학의 새로운 시대에 살고 있을 뿐만 아니라 대공황을 제대로 이해한 경제학자인 케인스가 그 어느 때보다도 중요해졌다고 믿는다.

케인스는 그의 대작 『고용, 이자 및 화폐에 관한 일반이론』(*The General Theory of Employment, Interest and Money*)의 결론 부분에서 경제 아이디어들의 중요성에 대해 다음과 같은 유명한 말을 남겼다. "머잖아 좋은 쪽으로든 나쁜 쪽으로든 정말 위험한 것은 기득권이 아니라 아이디어가 될 것이다."

이것이 항상 진실이라고 말할 수는 없겠지만 지금 같은 시기에는 분명한 진실이 된다. "공짜 점심은 없다"는 말은 경제와 관련해 핵심적 진리로 간주된다. 자원은 한정되어 있으므로 어느 한 가지를 많이 가지려면 다른 한 가지를 적게 가져야 하며, 노력 없이는 아무 것도 얻을 수 없다는 의미다.

그러나 불황경제학은 공짜 점심이 있는 상황을 연구하는 학문이다. 공짜 점심에 손을 대는 방법만 알아내면 된다. 사용할 수 있는데도 사용하지 않는 자원이 있기 때문이다. 그렇다면 케인스의 세계(그리고 우리의 세계)에서 진정으로 부족한 것은 자원이 아니지 않은가. 심지어 미덕도 아니다. 그것은 바로 이해다.

그러나 우리의 문제들에 대해 명민하게 고민하고, 생각의 결론이 이끄는 곳으로 따라가겠다는 의지가 없다면 우리는 필요한 이해를 얻지 못할 것이다. 우리의 경제 문제는 구조적인 것이므로 즉각적인 치유책

따위는 존재하지 않는다고 말하는 사람들도 있다. 그러나 세계의 번영을 막는 단 하나의 중요한 구조적 장애물은 인간의 정신을 교란시키는 낡은 원칙들뿐이라고 나는 믿는다.

● 폴 크루그먼 연표

1953년	미국 롱아일랜드의 유대계 집안에서 출생
1974년	예일대학교 경제학부 졸업
1977년	MIT(매사추세츠공과대학)에서 박사학위(지도교수: 노벨경제학상 수상자 로버트 솔로 Robert Solow)
1978년부터	예일대학교, MIT, UC 버클리, 스탠퍼드대학교 등에서 강의
1982~83년	레이건행정부에서 백악관 경제자문위원회 위원으로 활동 (당시 29세)
1991년	전미경제학회의 '존 베이츠 클라크 메달' 수상
1994년	「아시아 기적의 신화」라는 논문으로 아시아 경제발전의 한계 지적
1998년	「달러의 위기」라는 논문으로 미국 달러화 가치 폭락 경고
2000년	프린스턴대학교 경제학과 교수
2000년	「뉴욕타임스」에 칼럼 연재 시작
2002년	「에디터 앤드 퍼블리셔」Editor and Publisher 선정 올해의 칼럼니스트
2008년	노벨경제학상 수상 (무역이론과 경제지리학을 통합한 공로)

● 주요저서

1990년	**『기대 체감의 시대』***The Age of Diminished Expectations*(1994년, 1997년 개정)
1995년	**『경제학의 향연』***Peddling Prosperity*
1996년	**『팝 인터내셔널리즘』***Pop Internationalism*
1998년	**『우울한 경제학자의 유쾌한 에세이』***The Accidental Theorist and Other Dispatches from the Dismal Science*
1999년	**『불황경제학』***The Return of Depression Economics*
2003년	**『대폭로』***The Great Unraveling*
2007년	**『미래를 말하다』***The Conscience of a Liberal*
2008년 12년	**『불황의 경제학』***The Return of Depression Economics and the Crisis of 2008*

*폴 크루그먼은 지금까지 총 23권의 책을 저술하거나 편집했다.
위의 '주요저서'는 이 가운데 전문서적과 대학교재를 제외한 대중독자용 단행본들을 말한다.